DIE WERKE DES JAN VAN EYCK.

DIE WERKE DES JAN VAN EYCK.

EINE KRITISCHE STUDIE

VON

KARL VOLL.

Until ignorance on such fundamental points as the authorship of a picture is replaced by knowledge, the lover of art for its own sake has no firm ground to go upon.

Conway.

STRASSBURG
VERLAG VON KARL J. TRÜBNER
1900.

Vorwort.

Die nachstehende Untersuchung gilt der Frage nach der Echtheit der dem Jan van Eyck zugeschriebenen Werke. Sie will lediglich Bilderkritik üben. Die Fragen nach Herkunft und Lebensverhältnissen des Künstlers, nach seinen Lehrern und dem Wesen seiner berühmten Erfindung werden nicht erörtert. Selbst seine Zeitgenossen und Schüler finden nicht mehr Berücksichtigung, als unumgänglich notwendig war. Ursprünglich hatte der Verfasser zwar beabsichtigt, die Geschichte der niederländischen Malerei des ganzen 15. Jahrhunderts zu schreiben; aber er hat im Verlaufe seiner Studien gesehen, dass für ein solches Werk die Zeit noch nicht gekommen ist. Trotz mannigfaltiger Vorarbeiten ist dieses Gebiet so gut wie unerforscht. Über die einzelnen Meister herrschen noch keine klaren Anschauungen, ebenso wenig über die verschiedenen Schulen und Epochen. Es fehlt ja sogar beinahe noch an den allgemeinsten Anhaltspunkten.

Es erschien darum dem Verfasser angezeigt, zunächst einmal mit dem Begründer der Schule zu beginnen und dessen Werk so reinlich wie möglich herauszustellen. Untersuchungen im Sinne Morellis sind zwar heute nicht mehr recht modern. Auf die peinliche Arbeit des Kritikers sieht man ja von dem allerdings höheren Standpunkt der zusammenfassenden historischen und aesthetischen Betrachtung, wenn auch nicht gerade mit Verachtung, so doch mit einiger Gleichgültigkeit herab. Aber diese kritische Arbeit muss wenigstens zum grossen Teile verrichtet sein, ehe an eine historisch-aesthetische Zusammenfassung gedacht werden kann. Der Verfasser hat sich darum bemüht, zunächst eine sichere Basis zu schaffen. Dann erst hat er den Stil des Meisters und seiner Zeit aus den unzweifelhaft gegebenen Thatsachen entwickelt. Auf leicht zu kopierende Äusserlichkeiten hat er wenig Wert gelegt und von den Schrullen der sogenannten Kenner hat er sich fern gehalten. „Das Herz macht den Kritiker, nicht die Nase.“

Obwohl die einschlägige Litteratur sorgfältig benützt wurde, hat sich der Verfasser in erster Linie an das erhaltene Bildermaterial gehalten. Seine Darlegung beruht fast durchgehends auf wiederholter Autopsie; in den wenigen Fällen, wo ihm ein Werk nicht zugänglich war, wird das eigens angegeben.

Was bis jetzt als Gesamtwerk Jan van Eycks angesehen worden ist, wird durch das Nachfolgende wieder in einzelne Teile zerlegt. Hochberühmte Arbeiten, die bis heute als ganz sicher galten, werden ausgeschieden. Der Verfasser müsste jedoch bedauern, wenn man ihn mit denen vergleichen wollte, die solange an der Ilias und Odyssee stilkritisch herumarbeiteten, bis kein Vers als Original des blinden Sängers mehr in Geltung blieb. Er bittet zu erwägen, dass auf ungefähr zweitausend Werke der altniederländischen Schule, die uns noch heute erhalten sind, nicht viel mehr als ein Dutzend meistens anonymer Meister kommen, unter die bisher der grösste Teil jener Bilder verteilt wurde. Nur wenn sich die Wissenschaft entschliesst, alles nicht über jeden Zweifel Erhabene wieder in die Reihe der noch nicht bestimmten Arbeiten zurückzustellen, wird sie sich aus dem Irrgarten herausfinden. Dieser Grundsatz hat denn auch den Verfasser bei der Anlage seiner Studie geleitet. Wenn demnach die vorliegende Schrift mitunter die Bereitwilligkeit des Anschlusses an bisher für wahr gehaltene Meinungen vermissen lässt, so entspringt das keineswegs aus kleinlicher oder eitler Zweifelsucht.

Archivalische Entdeckungen bringt der Verfasser nicht. Er hat sich sogar gegenüber den bis jetzt gemachten sehr zurückhaltend bewiesen. Unvollständigkeit der Angaben und schlimme Fälschungen trüben gerade hier das Urteil auf die gefährlichste Weise. Wenn Publicationen wie Busschers „Recherches sur les peintres Gantois“ wanken, ist vorsichtiges Abwarten für denjenigen die erste Pflicht, der nicht Gelegenheit hat, das ganze Material nachzuprüfen. Der Verfasser hält es jedoch nicht für unnötig, anzugeben, dass er den Quellenschriftstellern eine grössere Beachtung geschenkt hat, als bisher üblich war, und dass es ihm gelungen ist, einige neue Quellen zu erschliessen. Sie ergeben zwar keine neuen Kenntnisse von grosser Tragweite, aber sie eröffnen Wege, die vielleicht später eine glücklichere Forschung zur einwandfreien Wahrheit führen.

Die beigegebene Litteraturangabe erhebt keinen Anspruch auf Vollständigkeit. Wenn man bemerkt, dass Autoren wie Michiels, Carton, Taurel und der jüngere Wauters, sowie Hasse u. a. m. nicht genannt sind, so möge man das mit dem in bezug auf Jan van Eyck sehr bedingten Werte ihrer Publicationen erklären.

Die Litteratur über Eyck ist an Umfang und Gehalt nicht so ansehnlich, wie man glauben möchte. Die Wissenschaft hat sich eigentlich recht wenig mit Jan beschäftigt, und man hat sich im Ganzen darauf beschränkt, immer wieder die alten Ansichten und Daten zu wiederholen. Im Anfang unseres Jahrhunderts schien zwar ein frischer Zug in das Studium der altniederländischen Malerei zu kommen; denn infolge des gallischen Bilderraubes bot sich in Paris eine eifrig ausgenützte Gelegenheit, die seltensten Werke bequem mit einander zu vergleichen: Sulpiz Boisserée interessierte sich auf das Lebhafteste für die Gebrüder Eyck, und sein Briefwechsel mit Goethe enthält manches schöne und gute Wort über den Begründer der neueren Malerei. Waagens Monographie über Eyck trug 1822 ebenfalls sehr treffende Ansichten über Jans Stil und Eigenart vor. Aber er, wie Boisserée, verstanden noch nicht, die Werke der Nachfolger von denen des Meisters zu trennen. Der Eifer liess auch bald nach; denn der Mangel an positiven Daten war zu fühlbar. Es begann darum die belgische und französische Archivforschung zu arbeiten. Männer wie Gachard, Pinchart, Delaborde, Ruelens, Weale und der ältere Wauters haben ein zwar nicht sehr grosses, aber doch sicheres Urkundenmaterial zusammengetragen. Ihre Thätigkeit wurde jedoch um die besten Früchte gebracht durch die Mitarbeit von Fälschern und allzu leichtgläubigen Forschern. So ist jetzt die traurige Thatsache erkannt, dass der grösste Teil von Busschers Recherches, die doch bis in die jüngste Zeit die Grundlage für das Studium der Genter Malerschule gebildet hatten, auf gefälschten Urkunden beruht, die Busscher in gutem Glauben für authentisch genommen hat. Die Wissenschaft geriet also selbst da, wo sie exact arbeiten wollte, auf falsche Wege. Dazu kam, dass ein grosser Teil der auf Jan oder Hubert van Eyck zurückgeführten Bilder sich in weit abgelegenen und damals schwer zugänglichen Sammlungen befindet, in Madrid, Petersburg und vor allem im englischen Privatbesitz. Selbst Männer von so reichem Wissen und so begeisterter Arbeitsfreude wie Hotho waren darum — und oft in den wichtigsten Fällen — darauf angewiesen, unklare und unrichtige Darstellungen älterer Schriftsteller zu reproducieren und wurden verhindert, auch die gesicherten Kenntnisse richtig zu verwerten, die sie sich im Studium der Originale erworben hatten. Einen bedeutenden Fortschritt hatte die wissenschaftliche Erforschung der altniederländischen Malerschule erst mit Crowe-Cavalcaselles grundlegendem, bekannten Werke zu verzeichnen (1857). Hier wurde der reiche Vorrat der Gemälde des 15. Jahrhunderts zum ersten Male systematisch geordnet. Als dann noch in den französischen und deutschen Ausgaben dieses Grundwerkes die Ergebnisse der späteren belgischen und deutschen Forschung niedergelegt wurden, da waren die Grenzen so ziemlich abgesteckt, innerhalb deren die Wissenschaft in den nächsten Jahrzehnten arbeiten musste. Es kam dann zunächst Schnaases zusammenfassende Behandlung des weitläufigen Gebietes, die von Eisenmann als achter Band von Schnaases Kunstgeschichte (1876) mit so wertvollen Anmerkungen herausgegeben wurde, und endlich (1882) Woltmanns kurze, aber sehr gehaltvolle Würdigung der altniederländischen Malerschule im zweiten Bande von Woltmann-Wörmanns grosser Geschichte der Malerei. Die nächsten Jahre brachten dann allerdings keine grösseren Publicationen über die Eyck, in denen neue Thatsachen geboten worden wären; selbst Conways geistreiches Werk „Early Flemish Artists" (1887) beschränkte sich auf Auslegung der damals als gesichert geltenden Resultate. Dagegen wurde gerade während dieser Periode scheinbarer Ruhe unsere Kenntnis der altflandrischen und altholländischen Kunst bis in die letzte Zeit hinein durch eine auf allen Punkten einsetzende Detailarbeit bedeutend gefördert, deren Ergebnisse in den verschiedensten Kunstzeitschriften niedergelegt wurden. Hymans, Justi und Tschudi sind hier als die ersten zu nennen; sie haben einen guten Teil der schlimmsten und verderblichsten Irrtümer, die immer noch in den Handbüchern weitergeschleppt wurden, ausgemerzt. Allerdings hat sich während eben dieser Periode der gedeihlichsten kritischen Forschung der Misstand eingeschlichen, dass die Freude am Taufen und Umtaufen wieder erwachte. So kam auf der einen Seite wohl eine sehr dankenswerte Klarheit in viele Fragen, auf der anderen Seite wurde aber durch unhaltbare Benennungen mancher neue Irrtum in die Wissenschaft eingeführt. Wie das beim Entwirren verwickelter Verhältnisse so zu gehen pflegt, schien also erst recht die Unklarheit auf unserem Gebiete zu herrschen. Jedoch war das nur Schein, und als im vorigen Jahre Kämmerer in seiner Monographie über Hubert und Jan van Eyck das weit zerstreute Material in sehr übersichtlicher und umsichtiger Weise zusammenstellte, da zeigte es sich, dass das letzte Jahrzehnt die Ergebnisse der früheren Forschung weit überholt hatte. Aber auch Kämmerers verdienstvolle Publication lässt hinsichtlich der kritischen Verarbeitung des Materials noch manches zu wünschen übrig. An diesem Punkte setzt nun die vorliegende Arbeit ein.

Benützte Litteratur.

Le Beffroi: 4 vol. Bruges 1863—1876. 4⁰.

Berger, E.: Beiträge zur Entwicklungs-Geschichte der Maltechnik. Dritte Folge. München 1897. 8⁰.

Boisserée, Sulpiz: Briefwechsel. 2 Bde. 1862. 8⁰.

Boussingault: La guide universelle de Tous les Pais Bas. Paris 1668. 12⁰.

Burlington Fine Arts Club: Exhibition of pictures by masters of the Netherlandish and allied schools of XVth and early XVIth centuries. London 1892. 2⁰.

Busscher, E. de: Recherches sur les peintres Gantois. Gand 1859. 8⁰. (Nur mit Vorsicht zu benützen.)

Carstanjen, F.: Entwicklungsfaktoren der niederländischen Frührenaissance. Vierteljahrszeitschrift für wissenschaftliche Philosophie XX. Auch im Sonderabdruck publiciert. 1896. 8⁰.

Conway, W.: Early Flemish artists and their predecessors on the Lower Rhine. London 1887. 8⁰.

Crowe and Cavalcaselle: The early Flemish painters. London 1857 französische Ausgabe, Bruxelles 1862 mit dem Anhang von Ruelens und Pinchart; deutsche und wesentlich verbesserte Ausgabe von A. Springer. Leipzig 1875. 8⁰.

Dohme, R.: Kunst und Künstler des Mittelalters und der Neuzeit. I. Abteilung. I. Band. 1877. 4⁰.

Didron, A. N.: Iconographie chrétienne. Histoire de Dieu. Paris 1843. 4⁰.

De l'Espinoy, Ph.: Recherches des Antiquitéz et Noblesse de Flandre. Donai 1631. 2⁰.

Facius, B.: De viris illustribus um 1450. Die einschlägige Stelle abgedruckt bei Crowe-Springer 412 f.

Frimmel, Th. v.: Der Anonimo Morelliano, herausgegeben und übersetzt in den Quellenschriften für Kunstgeschichte. Neue Folge. I. Band. Wien 1888. 8⁰.

Frimmel, Th. v.: Kleine Galeriestudien. Neue Folge. Lieferung 1 u. 2. Wien 1894 f. 8⁰.

Fromentin, E.: Les maîtres d'autrefois. 7e édition. Paris 1893. 8⁰.

Gachard, L. P.: Collection de documents inédits concernant l'histoire de la Belgique. IIe vol. Bruxelles 1834. 4⁰.
Gölnitzius, A.: Ulysses. Lugduni Bat. 1631. 12⁰.
Gramaye: Antiquitates illustrissimi ducatus Brabantiae. Lovanij 1708. 2⁰.
Guicciardini, L.: Descrittione di tutti i paesi bassi etc. Anversa 1567. Die einschlägige Stelle abgedruckt im Anhang zu Crowe-Springer 428.
Heris: Mémoire en réponse à la question suivante: Quel est le point de départ — de l'école flamande etc. Nouveaux mémoires de l'Académie royale de Belgique t. XXVII. Bruxelles 1856. 4⁰.
Hotho, H. G.: Die Malerschule des Hubert van Eyck nebst deutschen Vorgängern und Zeitgenossen. Berlin 1855—58. 8⁰.
Hymans, H.: Le livre des peintres de Carel van Mander. Traduction, Notes et Commentaires. I. Band. Paris 1884. 4⁰.
Hymans, H.: Les écoles du Nord, publiciert in Les Musées de Madrid. Paris 1896. 8⁰.
Janitschek, H.: Geschichte der deutschen Malerei. Berlin 1890. 8⁰.
Justi, K.: Altflandrische Bilder in Spanien. L. Zschft. XXII.
Kämmerer, L.: Die Landschaft in der deutschen Kunst etc. Leipzig 1886. 8⁰.
Kämmerer, L.: Hubert und Jan van Eyck. Bielefeld und Leipzig 1898. 8⁰.
Kervyn de Volkaersbeke: Les églises de Gand. 2 vol. Gand 1857. 8⁰.
Laborde, L. de: Les ducs de Bourgogne. Paris 1849. 4⁰.
Laborde, L. de: Inventaire des tableaux, livres et meubles de Marguerite d'Autriche 1516—1524. Paris 1850. Auszug hieraus bei Crowe-Springer S. 419.
Lafenestre, G. et Richtenberger, E.: La Belgique. Paris o. J. 8⁰.
Mander, Carel van cfr. Hymans.
Marchantius, J.: Flandria Commentariorum Lib. IV descripta. Antwerpiae 1596. 8⁰.
Miraeus, Aubertus: Chronicon rerum toto orbe gestarum. Antwerpiae 1608. 2⁰.
Münzer, H.: Itinerarium et Peregrinatio quam fecit tempore pestilentie Anno Salutis 1494 ad Hispanias et Gallias et totam Europam occidentalem. Codex latinus manuscriptus 431 der Hof- und Staatsbibliothek München.
Opmeerus, P.: Opus chronographicum orbis universi. Antwerpiae 1611. 2⁰.
Opmeerus, P.: Chronographia mundi. Coloniae 1625. 8⁰.
Pauw, N. de: Obituarium Sancti Johannis. Bruxelles 1889. 8⁰.
Pauw, N. de: Enquête sur l'authenticité de la pierre tombale attribuée à Hubert van Eyck. Extrait du Bulletin du Cercle Historique et Archéologique de Gand. Gand 1895. 8⁰.
Perrault-Dabot, A.: L'art en Bourgogne. Paris 1894. 8⁰.
Pinchart, A.: Archives des arts, sciences et lettres. Gand 1860—1881.
Pinchart, A.: Annotations zu Crowe und Cavalcaselle siehe dort.

Ponz, A.: Viage de Espana. 3. Auflage 1787—94. 11. Band. 8⁰.
Reber, F. v.: Kunstgeschichte des Mittelalters. Leipzig 1886. 8⁰.
Reber, F. v.: Geschichte der Malerei vom Anfang des 14. bis zum Ende des 18. Jahrhunderts. München 1894. 8⁰.
Ruelens C.: Annotations à Crowe et Cavalcaselle, siehe dort.
Sanderus, Ant.: Flandria Illustrata. Coloniae 1641. 2 Bände. 2⁰.
Sanderus, Ant.: De Brugensibus eruditionis fama claris libri duo. Antwerpiae 1624. 8⁰.
Schäfer, G.: Das Handbuch der Malerei vom Berge Athos etc. Trier 1855. 8⁰.
Schnaase, C.: Geschichte der bildenden Künste im 15. Jahrhundert. Bearbeitet von O. Eisenmann als 8. Band von Schnaases Geschichte der bildenden Künste. Düsseldorf 1876. 8⁰.
Schnaase, C.: Niederländische Briefe. Stuttgart 1834. 8⁰.
Sueyro, E.: Annales de Flandes. Anvers 1624. 2⁰.
Tschudi, H. v.: „Die altniederländische Schule" in dem von Meyer und Bode begonnenen Galeriewerk der k. Museen in Berlin. XI. und XII. Lieferung. Berlin 1898. 2⁰.
Vaernewyck, M. v.: Die Historie van Belgis etc. Ausgabe von 1574. Buch IV, cap. 47.
Vasari, G.: Vite 1550 und 1568. Die einschlägigen Stellen abgedruckt bei Crowe-Springer 424 ff.
Waagen, G. F.: Über Hubert und Jan van Eyck. Breslau 1822. 8⁰.
Waagen, G. F.: Handbuch der deutschen und niederländischen Malerschulen. 2 Bände. Stuttgart 1862. 8⁰.
Waagen, G. F.: Treasures of Art in Great Britain I—III. London 1854. 8⁰.
Wauters, A.: Les commencements de l'ancienne école flamande antérieurement aux Van Eyck. Bulletins de l'Académie royale des sciences, des lettres et des beaux-arts de Belgique. Bruxelles 1883, 317 ff.
Wauters, A.: Recherches sur l'origine de l'école flamande de peinture dans la seconde moitié du XVe siècle. Bulletins de l'Académie royale de Belgique 1882.
Weale, J.: Catalogue du Musée de l'Académie de Bruges. Bruges-Londres 1861. 8⁰.
Weale, J.: Notes sur Jan van Eyck. London 1861. 8⁰.
Woltmann, A. und Wörmann, K.: Geschichte der Malerei. 2. Band. Leipzig 1882. 8⁰.
Wörmann, C.: Handzeichnungen alter Meister im k. Kupferstichkabinet zu Dresden. München 1896 ff. 2⁰.
Zeiller, M.: Neue Beschreibung dess Burgundisch-Niederländeschen Craises. Ulm 1649. 12⁰.

An Fachzeitschriften wurden hauptsächlich benützt:

Das deutsche Kunstblatt.
Lützows Zeitschrift für bildende Kunst, nebst der Kunstchronik.

Schnütgens Zeitschrift für christliche Kunst.
Die Jahrbücher der preussischen Kunstsammlungen.
Repertorium für Kunstwissenschaft.
Le Messager des Sciences et des Arts de la Belgique.
Bulletins de l'Académie royale des sciences, des lettres et des beaux-arts de Belgique.
Bulletin des commissions royales d'art et d'archéologie de Belgique.
Revue de l'Art Chrétien.
Oud-Holland.
Gazette des Beaux-Arts.
La Chronique des Arts.
The Academy.
Archaeologia.

Inhalts-Verzeichnis.

Erstes Kapitel.

Die authentischen Werke.

Im Nachfolgenden beschäftigt uns ein Künstler, der von jeher zu den hervorragendsten Meistern seines Faches gerechnet worden ist, und den Viele den grössten aller Maler nennen: Jan van Eyck.

Das erste Gemälde, das von ihm allein herrührt und eine Jahreszahl trägt, bewahrt die Londoner National Gallery als einen ihrer grössten Schätze. Es stammt aus dem Jahre 1432. Die kalligraphisch sehr sorgfältig ausgeführte Signatur des Künstlers ist auf der Bildfläche selbst angebracht[1]). An ihrer Echtheit kann schon deshalb nicht gezweifelt werden, weil sie nicht nur den Zweck hat, Autor und Jahreszahl anzugeben, sondern auch den weiteren, eine sonst tote Fläche in anspruchsloser Weise zu beleben. Sie gehört also zum Bilde selbst, wenn auch nur als bescheidener Nebenfaktor. Ein schwer zu beurteilendes griechisches Wort über der ersten Zeile der Inschrift scheint Τυμωθεος zu heissen und wird gewöhnlich als der Name des Porträtierten aufgefasst. Der Einfachheit halber wird im Nachstehenden an dieser Auffassung festgehalten.

Das ziemlich kleine Stück ist ein Brustbild. Timotheus lehnt mit aufgestütztem Unterarm an einer steinernen Brüstung[2]). Er trägt einen roten Leibrock und eine Sendelbinde von schlichtem, aber sehr geschmackvoll angeordnetem Faltenwurf. Seine Rechte hält eine Schriftrolle.

Wir können aber die auf ihr bemerkbaren Schriftzüge nicht entziffern und also aus ihr keinen Schluss auf die Stellung des Dargestellten ziehen.

Das Porträt ist von grösster Einfachheit und Gegenständlichkeit der Gesamtwirkung; dabei erweist es sich durch den lebensvollen Ausdruck und den kühnen Realismus der Behandlung als eine höchst inhaltsreiche Arbeit. Schlichtheit gepaart mit Reichtum spricht sich so deutlich aus, dass wir in diesen beiden Eigenschaften und zwar in ihrer Verbindung einen besonders charakteristischen Zug erblicken müssen. Sie können sich jedoch nicht gut vereinigen, ohne dass ein Drittes vorhanden sei: die starke Kraft. In der That kann für die Art, wie die Erscheinung des Timotheus geschlossen aufgefasst ist, wohl keine bessere Bezeichnung als kraftvoll gefunden werden.

Bei dem energischen Antlitz des Timotheus fällt vor allem die starke Betonung des Knochenbaues auf. Darauf ist um so mehr Gewicht zu legen, als der Porträtierte von angenehmer frischer Fülle des Fleisches war. Eyck hat den Kopf nun so aufgefasst, dass nicht allein die äussere Erscheinung zur Darstellung kommt, sondern auch der innere Aufbau, und zwar nahm er die Knochen nicht als starre Massen, sondern als thätige Faktoren, die bestimmend einwirken auf die Bildung und Beschaffenheit des Fleisches und der Haut: er hat sich genaue Rechenschaft über den konstruktiven Aufbau des Hauptes gegeben. Mit dieser Auffassung steht er sowohl unter seinen Zeitgenossen vereinzelt da, wie überhaupt unter den Malern aller Zeiten. Für ihn war das Porträt keine psychologische Charakterstudie, er achtete nicht auf die poetische Wirkung des Lichtes: er strebte ein Conterfei im reinsten Sinne des Wortes an, ein unbedingt treues Gegenstück zur Natur, ohne Zuthat oder Verlust. Es ist nicht nötig, eigens hinzuzufügen, dass eine so verständnis- und lebensvolle Wiedergabe der körperlichen Erscheinung auch das geistige Leben des Dargestellten zum reichen Ausdruck bringen musste.

Wie feinfühlig das Porträt behandelt ist, sei an der Kontur der rechten Gesichtshälfte gezeigt und zwar deswegen, weil diese Linie so oft bei Eyck wiederkehrt und für seine Kunst so charakteristisch ist. An der Stirne fest, beinahe hart, zieht sie sich scharf in den Augenbogen, gibt an dem mit kräftiger Fülle des Fleisches gepolsterten Backenknochen elastisch nach aussen nach, und in sehr weichem Schwung zieht sie sich der knochenlosen Wange entlang zum Kinn, das sie in leichter, aber energischer Biegung umgibt. Die feine Rücksichtnahme, die alle Nuancen der Festigkeit beachtet, die versteht, dass das Fleisch am Backenknochen sich ganz anders darstellt als an der eigentlichen Wange, hängt mit einer anderen Eigenschaft Eycks zusammen, auf die wir bald ausführlicher zurückkommen werden. Er gibt jede Einzelheit so, wie sie an einem bestimmten Ort zu einem bestimmten Augenblick erscheinen muss. Dieses Prinzip beherrscht auch die geistige Komposition seiner Werke.

Feingefühlt, wie die eben besprochene Kontur ist die ganze Modellierung des Kopfes, die als ein wahres Wunderwerk gelten darf. Es sei auch hier wieder an einem besonders charakteristischen Detail gezeigt, mit welch eminentem Verständnis der Meister das Porträt seines Freundes angelegt hat. Der Mund scheint für ihn stets ein Gegenstand der intimsten Studien gewesen zu sein; das Elastische, leicht Bewegliche dieses Körperteils hat ihn ganz besonders angeregt. Das langsame, weiche Anschwellen der Mundpartie, die von keinem bestimmt anzugebenden Punkt oder Strich aus beginnt, die von allen Seiten her, auch von innen heraus das Fleisch sich leise emporheben lässt, ist mit fast wissenschaftlicher Logik wiedergegeben. Wie sich ein Hügel in der Ebene mählich erhebt, so wachsen aus der Einsenkung zwischen Wangen, Kinn und Nase die beiden stark gewölbten Lippen in stetiger Modellierung empor, zusammenstrebend und doch wieder zurückgehalten von den Muskeln und Bändern, durch die sie mit den übrigen Teilen des Antlitzes verbunden werden. Dieser Mund ist kein blosser Einschnitt, diese Lippen sind nicht einfache Wülste: sie bilden vielmehr einen wesentlichen Teil des Ganzen, jede Bewegung mitzuempfinden fähig, die ein anderer Teil des Hauptes macht. Die Modellierung hat eben bei Eyck nicht nur den Zweck, äusserlich jede Höhe und jede Tiefe genau zu verzeichnen, sondern auch den, die innere Bedeutung und den verborgenen Zusammenhang der einzelnen Teile zum klaren Ausdruck zu bringen. Das ist das Geheimnis seiner im eminenten Sinn gegenständlichen Plastik. Hierin unterscheidet sich seine Art von der hauptsächlich flächenhaft projicierenden Anordnung, die am Beginn des 16. Jahrhunderts in Deutschland und auch in den Niederlanden üblich war. Hierin unterscheidet sie sich auch von der gleichmässig ausrundenden Manier des 17. Jahrhunderts, die zu gunsten des Lichtproblems und einer im allgemeinen recht kräftig wirkenden Plastik auf die Betonung der feineren Einzelheiten verzichtet.

Ganz besondere Aufmerksamkeit verdient noch die Behandlung des Ohres. Sie zeugt von einer — wenn wir das sagen dürfen — ausserordentlichen Gerechtigkeit, die jedes Ding nach der ihm eigenen Natur behandelt. Eyck hat das Ohr, dessen Wesen entsprechend als einen Knorpel von ganz origineller Form dargestellt, der härter als Fleisch, aber weicher als Knochen ist; und auch hier gibt der Künstler einen überraschenden Reichtum an Nuancen. Die Festigkeit des Knorpels ist ebenso gut angegeben, wie die Weichheit des fleischigen Ohrläppchens; es fehlt auch nicht der Unterschied zwischen der dünnen, straff gespannten und darum glatten Haut der Muschel und zwischen der derberen, mattglänzenden der pralleren Fleischteile. Über dieser genauen Ausarbeitung der äusseren Erscheinung ist jedoch nicht versäumt, den konstruktiven Aufbau klar darzustellen. Dass die Grundlage des Ohres der Knorpel ist, hat Eyck beinahe auffällig betont und zwar in einer Weise, der wir bei keinem anderen Maler mehr begegnen. Endlich dürfen aber die kleinen, breiten, energischen Pinselstriche nicht übersehen werden, mit denen die Bildung des Ohres charakterisiert ist. Sie fallen an dieser Stelle wohl mehr auf als anderswo, finden sich aber fast an allen Stellen bei Eycks eigenhändigen Werken, so dass sie beinahe als ein Zeichen der Echtheit gelten können.

Von besonderer Schönheit sind die Hände. Die leichte Beweglichkeit, die verständnisvolle Durchbildung der Gelenke, die Kunst, unter dem festen Fleisch die festeren Knochen anzugeben, die Logik, mit der jeder Finger die ihm gerade zukommende Bewegung macht, sind denn auch von jeher bewundert worden. Als höchst charakteristisch darf die Modellierung der Finger gelten. Jede Rundung, jede Abplattung, jede An- oder Abschwellung ist mit so vollkommener Sicherheit beobachtet, dass Eycks Zeitgenossen ihm hierin nicht einmal von ferne gleichkommen, obwohl sie doch ähnliche Ziele verfolgt haben, wie er. Selbst bei Roger van der Weyden, dem strengen, feinfühligen Zeichner, erscheinen die Hände, unserm Porträt gegenüber, trocken und dürr, bei Dirk Bouts müssen wir uns trotz des ungemein beredten Ausdruckes der Bewegung in eine konventionelle Formengebung fügen, bei Hugo van der Goes aber, dessen Bravourstück gerade die minutiöse Ausführung der Hände gewesen ist, steht der unnachahmlichen Feinheit Eycks eine ihrer Stärke allzubewusste Gelehrsamkeit gegenüber.

Wenden wir uns von dem Studium der Einzelheiten wieder zu dem Porträt als Ganzem zurück! Timotheus war gewiss kein schöner Mann. Seine Züge waren eckig, die Nase plump, der Mund beinahe grob. Eyck hat das Alles mit der grössten Ehrlichkeit geschildert, so dass das Porträt ja weniger wie ein Werk der Kunst als vielmehr der schaffenden Natur selbst vor uns steht. Das Bild ist trotz alledem an sich von hervorragender Schönheit, so wenig auch Timotheus Anspruch auf diese Eigenschaft erheben kann. Der Künstler hat eben mit den verborgenen Zauberkräften seines Genies den Glanz ewiger Jugend und hoher Pracht über das Porträt seines Freundes geworfen. Das Kunstmittel, mit dem er solche geheimnisvolle Wirkung hervorbrachte, ist die kräftige Harmonie der Farben und die Ruhe des Arrangements. Das Rot des Leibrockes vermählt sich mit dem Grün der Sendelbinde ganz entzückend, vom dunklen Hintergrund hebt sich, in seiner überraschenden Naturwahrheit, der helle Fleischton des Gesichtes wirkungsvoll, aber nicht grell ab, während die ruhige Haltung des auf eine Fensterbrüstung gelehnten Mannes keine störende Lebhaftigkeit der Bewegungen aufkommen lässt. Dem harmonischen Ineinandergreifen aller Kräfte dankt das Bildnis seine hochkünstlerische Wirkung.

Hauptsächlich aber wird hier eine Eigenschaft zu nennen sein, die nach dem Vorstehenden selbstverständlich ist, aber bei Eyck bis jetzt wenig beachtet wurde: Die Herrschaft der Gesammtanlage über das Detail. Wer sich nach längerem Beschauen des Bildes der beinahe absoluten Vollständigkeit in der Angabe jeder Einzelheit bewusst wird, dem mag es bei weiterer Prüfung erstaunlich dünken, dass der Künstler eigentlich nur mit lauter grossen, allerdings prächtig durchgebildeten Partien gearbeitet hat. Diese schliessen sich so organisch aneinander, stehen sich so logisch gegenüber, dass jene Art von innerlich belebter Harmonie entsteht, die auch das Ganze reich und individuell bewegt erscheinen lässt. Das Detail selbst ist mit sehr wenigen ergänzenden Strichen eingefügt. Wenn es aber trotzdem eine solche Bedeutung besitzt, wie das bei Eycks Werken nun einmal der Fall ist, so kommt das eben von jener Geschmeidigkeit, mit der es sich dem Ganzen unterordnet und eingliedert. Auch hier äussert sich also des Künstlers Sinn für Harmonie in der glänzendsten Weise.

Aus den Grenzen freilich, die der Kunst seiner Zeit gesteckt waren, hat auch ein Eyck sich nicht entfernen können — oder wollen —. Er hat ferner sogar manche, durchaus nicht unwesentliche Züge aus der Kunstübung seiner Vorgänger beibehalten. Hiervon gibt selbst dieses kleine Bildnis genügend Zeugnis. Der juwelenartige Glanz der Farbe, die tiefe Pracht des an sich gar nicht so reichen Colorits erinnern noch sehr an den mittelalterlichen Kunstgebrauch, der die Häufung des Kostbarsten und Prächtigsten so gerne und mit so viel Erfolg als ein wichtiges Lieblingsmittel zur Erreichung aesthetischer Effekte zu benützen pflegte.

Mehr noch als dieser eine Umstand scheint mir ein typisches Charakteristikum von Eycks Porträts nur aus mittelalterlicher Praxis zu erklären zu sein: Eyck bildet den Rumpf auffallend klein. Das wird wohl damit zusammenhängen, dass noch in der unmittelbar vor seiner Wirksamkeit liegenden Epoche von den Künstlern, indem sie die Not zur Tugend machten, dem geistigen und seelischen Elemente viel mehr Aufmerksamkeit geschenkt wurde, als dem körperlichen. Ausdrucksvolle, leidlich konstruierte Köpfe gelangen ihnen darum gar nicht so selten. Vor allem aber hat die burgundische Plastik in dieser Hinsicht Hervorragendes geleistet. Claus Sluters Mosesbrunnen in dem einsamen, verwahrlosten Klostergarten von Dijon ergreift vorzugsweise durch den mannigfaltigen, reich belebten Ausdruck der prachtvollen Prophetenköpfe. Es mag für Eyck nahe gelegen sein, sich mehr oder weniger unbewusst an diese Tradition zu halten, die das Haupt als den ganz besonders auszuzeichnenden Körperteil auffasste. In der That gewinnen durch diesen Kunstgriff, den Rumpf unverhältnismässig klein zu bilden, seine Porträts ganz erheblich an Lebhaftigkeit.

Nur mit Vorbehalt führe ich die feierliche Ruhe des Arrangements, die weltabgeschlossene Reserviertheit des Porträts, das sich vom Beschauer abwendet und ihm keinen Blick gönnt, als einen Anklang an jene Zeiten an, wo man überhaupt kein treues Porträt machen wollte und konnte. Als das Selbstbewusstsein der Menschen so weit gestiegen war, dass der Einzelne wünschen mochte, seine Züge den späteren Generationen zu erhalten, da lag anfänglich immer noch eine Art religiöser Stimmung auf dem Porträt. Selbst Timotheus, der immerhin ein Mann von schnellem und starkem Entschluss gewesen ist, wenn man seinem Bildnisse glauben darf, hat sich in eine Sphäre zurückgezogen, die nichts ahnen lässt von der kecken, thatkräftigen Selbständigkeit der Leute jener Tage. Es liegt in seiner Haltung und Auffassung noch etwas Altertümliches. Wer den Unterschied zwischen den Porträts des jüngeren Holbein und des Jan van Eyck angeben wollte, würde — abgesehen von technischen Verschiedenheiten — vor allem Das sagen müssen, dass Holbeins Auffassung viel freier und menschlicher war. Gerade ihm gegenüber glaubt man bei Eyck etwas Hieratisches zu empfinden.

Die kleine Madonna in Ince Blundell Hall ist ebenfalls vom Jahre 1432 datiert. Sie kann jedoch an dieser Stelle nicht behandelt werden, da die Inschrift gefälscht ist und also über die Entstehungszeit keine zuverlässige Auskunft gibt.

In das Jahr 1433 würde das in der National Gallery zu London befindliche Porträt eines älteren Herrn mit rotem Seidenturban führen, wenn es echt wäre. Es sind mir jedoch so bedeutende Bedenken gegen eigenhändige Ausführung durch Jan van Eyck gekommen, dass ich trotz der Inschrift das Bild erst unter den Apokryphen behandeln darf.

Die gleiche Galerie besitzt ein schön und echt bezeichnetes Gemälde aus dem Jahre 1434, das Verlöbnis des Arnolfini mit Jeanne de Chenany [3]). Im gotischen Gemach stehen die beiden Verlobten, sich die Hände reichend. Auf blinkendem Metallüster brennt über ihnen eine einzelne Kerze, obwohl es heller Tag ist, vielleicht als Symbol der Liebe, in der sich nun ihr Leben verzehren soll. Die Schilderung des Vorganges ist sehr scharf auf den Moment nach der Verlobung eingestellt.

Der Mann, ein kühler Kaufherr aus Lucca, scheint sich erst jetzt der Wichtigkeit des eben unternommenen Schrittes recht bewusst zu werden, während die Frau in geistig wenig bewegter, aber andächtiger Stimmung neben ihm verharrt. Die feine Nuancierung der Charaktere und ihrer Art, sich zu äussern, die strenge Rücksicht der Entwicklung des geistigen Inhaltes auf den gegebenen Augenblick entspricht durchaus jener Eigentümlichkeit des Eyckschen Stils, die ihn auch die Körper und deren Bewegungen so konsequent unter die Herrschaft der Situation stellen lässt. Diese realistische Prägnanz darf jedoch nicht als der Kern, sondern lediglich als einer der Hauptfaktoren von Eycks Stil angesehen werden. Es steht ihr eine auf das Wesentliche, sogar auf das Typische gerichtete Tendenz gegenüber. Aus diesem zweiten Faktor erklärt es sich, dass Eyck seine Sujets nicht nach sogenannten realistischen Principien behandelte, sondern in einer Weise anordnete, die das Zufällige hinter dem Allgemeingültigen zurücktreten liess. Das Verlöbnisbild des Arnolfini darf in dieser Hinsicht als besonders bezeichnend gelten: In vollständiger Berücksichtigung des Einzelfalles hat Eyck hier doch die typische Stimmung einer Verlobung gegeben und zwar in ganz bewusster Absicht. Die berühmte Inschrift sagt nämlich, dass Eyck bei der Feier zugegen war. In der That sind in einem runden Wandspiegel ausser dem Rückenbild der beiden Hauptpersonen noch andere Leute in schwachem Widerschein zu erkennen. Der Maler hat jedoch darauf verzichtet, das Brautpaar zu ihnen in irgend eine Beziehung zu bringen. Das kann nun in der Natur des Auftrages liegen, insofern als wohl nur die Bildnisse der beiden Verlobten bei ihm bestellt waren; aber nur aus seiner persönlichen, künstlerischen Eigenart ist es zu erklären, dass er keiner Linie, keinem Zug des Antlitzes gestattet, zu verraten, dass noch liebe Freunde um sie beschäftigt sind. Wenn man gar mit dieser Darstellung das berühmte Eligius-Bild des Petrus Cristus bei Baron Oppenheim in Köln vergleicht, das ziemlich bald darnach entstanden ist und die Verlobung zweier junger Leute in ganz genrehafter Weise auffasst[4]), so offenbart es sich erst ganz, um wie viel tiefer Eyck die Vorgänge selbst des gewöhnlichen Lebens empfand.

Arnolfini und seine Braut leben ein inneres Leben, ohne den leisesten Bezug zur Aussenwelt und Umgebung. In dieser weltabgeschiedenen, noch vom religiösen Weihebild herüber genommenen Stimmung haben wir das Gegenstück zu dem festtäglichen Selbstbewusstsein des Porträts von 1432. Wenn man bei dem Einzelporträt auf diese hieratische Ruhe weniger Wert legen will, so muss sie als ein wesentlicher Bestandteil Eyckscher Kunst erscheinen, da sie sich wiederfindet in einem Stücke, wo dem Meister so viel Anlass geboten war, eine reich bewegte, oder wenigstens reichhaltig belebte Scene zu geben. Es ist aber gerade dieser halb kirchliche Charakter, der Eycks Zusammenhang mit der mittelalterlichen Malerei bekundet.

Wer in Anbetracht der hohen technischen Vollendung den Ausdruck primitiv für das Verlöbnisbild zu hart findet, wird mindestens damit einverstanden sein können, dass es als in hohem Grad altertümlich bezeichnet werde. Auch hier ist ein Vergleich mit Holbein überaus belehrend. Dessen Madonna in Darmstadt entstand fast hundert Jahre nach dem Londoner Doppel-Porträt. Sie ist ein ausgesprochen religiöses Gemälde. Aber um wie viel mehr sind die Personen und selbst die Madonna dem Beschauer menschlich näher gerückt! Wie sehr rechnet schon der blondlockige Knabe im Vordergrund auf geneigte Würdigung! Ohne den rein künstlerischen Wert der beiden Gemälde mit einander zu vergleichen, darf man doch den allgemeinen Stand der Kunst als den weiter entwickelten, freieren bezeichnen, der in der Darmstädter Madonna so natürliche, irdische, unbefangene Menschen schaffen konnte, während Eyck selbst einen profanen Vorgang sub specie religionis sah, wie er das von seinen Vorgängern gelernt hatte.

Warum sich der sonst so rücksichtslose Neuerer in solcher Abhängigkeit erhalten hat, ist schwer zu erklären. Es kann aber soviel gesagt werden, dass es den Anschein hat, als ob er bewusst und nach bestimmten Grundsätzen vorgegangen sei; denn das Alte, was er beibehalten hat, fügt sich leicht und unauffällig in das, was er Neues geschaffen hat. Die archaischen Eigentümlichkeiten sind alle dem Wesen seiner persönlichen Kunstübung entgegen gekommen, sind ihm sogar förderlich gewesen: in der Abhängigkeit hat er wenigstens den Schein der Freiheit aufrecht gehalten.

Die kirchliche Stimmung seiner Gemälde passt vorzüglich zu der Kunst des harmonischen Arrangements, die schon bei dem Porträt des Timotheus als ein wesentlicher Faktor seines Stils erkannt worden ist. Sie hat viel dazu beigetragen, dass das überaus ehrliche Porträt des von der Natur hässlich gebildeten und von der Mode lächerlich gekleideten Arnolfini doch an fesselndem Reiz ein Wunderwerk geworden ist.

Gerade das Verlöbnisbild ist von jeher einseitig und darum nicht ganz richtig beurteilt worden. Wenn ihm auch uneingeschränkte Bewunderung stets zu Teil geworden ist, wenn man es auch das Bild der Bilder genannt hat, so hat die Einseitigkeit des Lobes doch zu einer im innersten Princip unrichtigen Darstellung eyckischer Kunst geführt und hat eine ganze Anzahl unbegründeter Bildertaufen hervorgerufen. Der Londoner Arnolfini wird nämlich meistens als Beispiel für Eycks unübertreffliches, technisches Können und seine nie wieder erreichte Bravour der Feinmalerei angeführt[5]). Das ist ja auch ganz richtig. Aber es scheint mir verfehlt zu sein, wenn man hiervon ausschliesslich sprechen will; denn die wundersame Ausführung der Details bedeutet immer noch wenig gegen die Grösse der Anschauung und den inneren Reichtum des Bildes, von dem wir oben gesprochen haben. Gerade die Unterordnung aller Nebensachen unter die Hauptsache ist die besonders charakteristische Eigenschaft dieses Porträts. Die Bescheidenheit, mit der jedes Detail zurücktritt, um die beiden Dargestellten als Mittelpunkt der Scene erscheinen zu lassen, ist um so bewundernswerter, als der Künstler das Beiwerk gewiss äusserst sorgsam behandelt hat. Es darf eben nicht übersehen werden, dass dem Detail kein selbständiger Wert beigelegt ist. Alles steht so sehr im Dienste des Ganzen, dass es unmöglich wäre, ein Stück wegzunehmen, ohne eine störende Lücke im Kolorit oder in der Gesamtführung der Linien zu hinterlassen. Zudem ist das Beiwerk für die keineswegs kleine Tafel an Zahl recht unbedeutend. Ein Feinmaler des 17. Jahrhunderts hätte viel mehr auf ihr unterbringen können.

Darum war es ein vollständiges Umkehren des Sachverhaltes, wenn bisher beim Arnolfini immer nur vom „Detail" gesprochen wurde. Eyck wird gewöhnlich als einer der grössten Maler, wenn nicht als der grösste bezeichnet, der je gelebt hat. Dies Urteil dünkt mir nicht überschwänglich, aber wir sollten in schuldiger Verehrung für des Künstlers einsame Grösse doch auch die Konsequenz daraus ziehen: blosse Feinmalerei gibt Niemand das Recht, sich neben Leonardo da Vinci, Tizian und Correggio, neben Dürer und Holbein, neben Velazquez und Rembrandt zu stellen. Eyck ist vollendet in der Lösung aller Aufgaben, die er sich gestellt kat, und seine Behandlung des „Details" ist vollkommen, aber sie bildet nur einen Teil, einen kleinen Teil seiner grossen Kunst.

Auch das Verlöbnisbild trägt in vielen Beziehungen noch einen sehr ursprünglichen Charakter und wir dürfen diesen Umstand nicht übersehen, wenn wir Eycks Stellung zur Natur prüfen wollen. Der Gestalt des Arnolfini gegenüber wird das von besonderer Wichtigkeit. Sie berührt so altertümlich nicht allein durch ihre Tracht, sondern durch die Herbheit und durch die starre Ruhe.

Von geschmeidiger Routine darf man hier offenbar nicht sprechen, wohl aber von einer sehr einfachen und dabei höchst energischen Formanschauung. Der Kopf ist zwar vollkommen lebendig, trotzdem erinnert die Technik zunächst an die Arbeit des gotischen Holzschnitzers, so scharf sind alle Flächen herausgearbeitet und gegeneinander gelagert. Das Verständnis für den Organismus spricht sich hier nicht minder deutlich aus, als im Bildnis des Timotheus. Eycks System der unbedingten Deutlichkeit beruht nicht etwa einseitig auf nachdrücklicher Angabe jeder Einzelheit; er arbeitet nicht nur für das Auge, sondern weiss auch unsere Phantasie anzuregen. So weit und bauschig der braune Mantel des Arnolfini auch ist, so lässt Eyck uns unter ihm den mageren Leib des Italieners nicht nur ahnen, er zwingt vielmehr durch die geschlossene Wirkung der Gesamtanlage unsere Vorstellungskraft, sich auch des Verhüllten klar bewusst zu werden. Wie er bei Köpfen neben der malerischen Behandlung der Haut das Konstruktive betont, so gibt er unter dem Gewande den Körper. Das Gleiche gilt für die tadellos, im gleichmässig hellen Lichte modellierte Gestalt der jungen Frau. Die prachtvolle grüne Farbe des zierlichen gotischen Gewandes hat nicht allein den Zweck, eine reiche, koloristische Wirkung auszuüben, wie man das später bei Bellini findet, sondern sie folgt jeder Biegung des Körpers in unendlich ausdrucksvoller Weise. Mit verständigster Berücksichtigung der Natur der Stoffe unterscheidet Eyck nicht allein zwischen Sammt, Leinwand, Seide u. s. f. hinsichtlich ihres Aussehens, sondern auch inbezug auf die Art, wie die verschiedenen Stoffe sich in verschiedener Weise an den Körper anlegen. Der freudige Genuss an solcher Feinheit in der Wiedergabe des Stofflichen darf uns aber gegen die wunderbare Behandlung des Nackten nicht blind machen. Es sei eigens aufmerksam gemacht auf die ineinander gelegten Hände des jungen Paares, die in Charakterisierung der Bewegung, in leuchtendem Glanz des Fleisches und in mannigfaltiger

Ausarbeitung der Gelenke unerreicht dastehen. Beachtenswert ist für Eyck die gotische Zierlichkeit der langen Finger und des säbelförmigen Daumens, womit der breite fleischige Handrücken seltsam kontrastiert.

Die Züge der Frau sind nicht mit der gleichen Meisterschaft behandelt, wie die des Mannes. Die Modellierung ist zwar bewundernswert, der reine Fleischton entzückend, die sinnige Belebung sehr charakteristisch für den dargestellten Moment, aber es fehlt jene eminente Kunst des Individualisierens, die die ränkevolle Physiognomie ihres wälschen Gatten allen späteren Zeiten so treu überliefert hat. Ihre Züge waren ja vermutlich weniger markant als die des Gatten, aber das ihr eigne persönliche Wesen hätte eben doch einen schärferen Ausdruck finden müssen. In weiter vorgeschrittenen Epochen wussten die Künstler, selbst wenn sie an Begabung weit unter Eyck standen, recht wohl in den weniger durchgearbeiteten Zügen des Frauenantlitzes die individuelle Persönlichkeit zu entwickeln. Eyck aber folgte hier dem Stile seiner Zeit. Das Madonnenideal hat damals die Vorstellung der Maler noch so mächtig beherrscht, dass sie sich beim weiblichen Bildnis nicht von ihm losmachen konnten; selbst Eyck, der Porträtist κατ' ἐξοχήν, kam bei dem Bildnis der Jeanne de Chenany noch nicht weit über die enge Schranke mittelalterlicher Typik hinaus. Wie seine Kunst im allgemeinen an der Wirkung des Altarschreines festhielt, so hat er in diesem Einzelfall die überirdische Erscheinung der Madonna und eine einfache, menschliche Frauengestalt nicht völlig auseinander halten können. Derselbe Eyck, in dessen religiösen Gemälden selbst die Heiligen an individuelle, aus seiner Umgebung gegriffene Porträts gemahnen, hat eine ihm wohlbekannte Frau nicht überzeugend zu porträtieren vermocht[6]). Als aber seine Lehre durchgedrungen war, da haben auch schwächere Epigonen — im Anschluss an ihn — die von ihm nicht gelöste Aufgabe mühelos bewältigt: ich erinnere nur an die sogenannte Sibylle Memlings vom Johanneshospital in Brügge. Wir werden übrigens sehen, dass Eyck am Ende seiner Laufbahn auch diese Fessel gebrochen hat.

Bemerkenswerth ist eine Eigentümlichkeit, die bei Eyck und seinen Zeitgenossen stets wiederkehrt, und die erst von den Malern der Renaissance beseitigt wurde. Seine Porträtköpfe sind, wenigstens bis zum Jahre 1434, sozusagen als Masken behandelt. Das Raumgefühl ist noch ganz unentwickelt. Luft und freie Beweglichkeit mangelt noch. Wenn aus der italienischen Malerei ein Beispiel angeführt werden darf, so besteht in dieser Hinsicht zwischen einem Porträt von Eyck und Holbein derselbe Unterschied, wie zwischen einem Porträt des Lorenzo da Credi und des Sebastiano del Piombo. Hier räumliche Freiheit, dort die starre Gebundenheit im Rahmen. Die altertümliche Schwäche des Raumgefühles verrät sich auch sonst im Doppelporträt des Arnolfini. Trotz aller Finessen der Reflexlichter und des Schattenspieles vertieft das Licht den Raum durchaus nicht so frei, wie Das später, besonders im 17. Jahrhundert, als ein Hauptziel der Malerei angesehen wurde. Auch in der zeichnerischen Entwickelung des Raumes bleibt Eyck sowohl hinter seiner Aufgabe zurück als auch hinter den Leistungen seines grossen Zeitgenossen Masaccio. Die Figuren der beiden Eheleute stehen auch hinsichtlich der Grösse in keinem Verhältnis zu dem sie umgebenden Raume. Es versteht sich übrigens ohne Weiteres, dass Eycks scharfes Auge diesen Mangel selbst empfand, und er hat, soweit mit perspektivischer Linienführung zu helfen war, darüber wegzutäuschen gesucht. Die langen, geradlinigen Möbel an der Seite und im Hintergrunde haben ihm dazu eine günstige, gern ausgenützte Gelegenheit gegeben. Wir müssen uns nur darüber klar werden, dass er die perspektivische Wirkung nicht malerisch, sondern rein zeichnerisch zu geben versucht [7]), und dass ihm der Versuch nicht tadellos gelingt. Eyck hat die raumbildende Kraft des Gegensatzes von Licht und Schatten nicht erkannt oder nicht benutzt. Er gibt die Lichter und Schatten getreulich an, aber ohne eine malerische Belebung des Gemäldes dadurch zu erstreben und zu erzielen. Man kann sich vielleicht bei keinem seiner Werke hiervon so gründlich überzeugen, wie beim Arnolfini. Die Modellierung der Köpfe ist vollendet, aber nicht wie bei den Meistern des 17. Jahrhunderts durch Schaffung und Ausbeutung von Beleuchtungs-Kontrasten, sondern vor allem durch die Zeichnung. ' Der Schatten auf Arnolfinis linker Wange liegt über der schon fertig modellierten Fläche und hat nicht den Zweck, die rechte Seite hervorzuheben. Er erscheint auf dem Bilde, weil er in der Natur war und hat gar keiner malerischen Wechselwirkung zu dienen. Auch hier ist die strengste, beinahe absichtslose Gegenständlichkeit die Erklärung für Eycks Technik und Auffassung. Das Gleiche findet sich beim Timotheus. Daher auch bei beiden Gemälden das Springende und die Unregelmässigkeit der Lichtverteilung. Eyck legt die Schatten in breiten Strichen an. Er kennt nicht das langsame Ineinanderführen der einzelnen Beleuchtungsgrade. Bei seinen Porträts gibt es ein methodisch auf einen Punkt konzentrirtes höchstes Licht ebenso wenig, wie ein allmähliches Verdämmern. Er weiss noch nichts von den Lichteffekten, wie sie bald nach ihm, vermutlich durch Hugo van der Goes, in die altniederländische Malerei eingeführt worden sind.

Aus dem Jahre 1435 haben wir kein datiertes Werk seiner Hand. Dagegen tragen zwei, auf Grund von Inschriften ihm zugeschriebene Bilder, die Jahreszahl 1436: die Madonna des Canonicus Pala in der Akademie zu Brügge, und das Porträt des Jan de Leeuw in dem Wiener Hofmuseum. Von diesen haben wir uns zunächst nur mit der Palamadonna zu beschäftigen[8]), deren Inschrift echt, und die ausserdem noch durch Guicciardini recht gut beglaubigt ist. Das Porträt des jungen Leeuw aber muss unter den Apokryphen behandelt werden.

Die Palamadonna, nach dem Genter Altar Jans umfangreichstes Gemälde, nimmt durch unmittelbar lebendige Wirkung wohl den ersten Platz unter all seinen Werken ein, wurde aber bis jetzt nicht nach Verdienst geschätzt[9]). Im romanischen Dome sitzt die Madonna auf dem Throne unter dem Baldachin. Sie und das Christuskind, das für einen Augenblick des Spieles mit dem Papagei vergisst, blicken gnädig herab auf den rechts knieenden Donator, den stattlichen Canonicus Pala. Der heilige Georg steht in reicher Rüstung dem Geistlichen zur Seite und stellt ihn den göttlichen Personen vor, mit der linken Hand auf ihn deutend und mit der rechten seinen Eisenhut lüftend. Links steht der heilige Donatian, der Patron der Kirche, deren Canonicus der Stifter war, ein überaus kräftiger Mann im prunkvollen Brokatgewand, mit der einen Hand den Bischofsstab, mit der andern sein Attribut, das kerzenbesetzte Rad, tragend.

Die Hauptfigur ist der Stifter, dessen über alle Massen grossartiges Porträt, trotz der Herabsetzungen, die das Gemälde als Ganzes erleben musste, fast immer volle Gerechtigkeit und Anerkennung gefunden hat. In der Behandlung unterscheidet sich dieses Bildnis wesentlich von dem des Timotheus und Arnolfini. Die Aufgabe war auch in jeder Hinsicht verschieden. Das faltige Antlitz des alten, wohlgenährten Herrn forderte zu einer andern, mehr zeichnerischen Art der künstlerischen Darstellung auf, als das der jungen Männer und die Anordnung musste ebenfalls nach andern Principien angelegt werden; denn es handelte sich nicht um ein Profanbildnis.

Die veränderte Aufgabe bringt es mit sich, dass wir die Figur des Stifters, trotz ihrer Wichtigkeit, zunächst nicht für sich allein behandeln können. Eyck hat ihn mit dem Schutzpatron zu einer untrennbaren Gruppe vereinigt. Hierdurch kamen Schwierigkeiten, die für den Künstler nicht leicht zu lösen gewesen sein werden; denn er musste einerseits die mächtige Gestalt des Canonicus zu voller Wirkung bringen, anderseits war sein

Naturell auf strenge Harmonie gerichtet und konnte an der zerstreuten Anordnung, die seine Zeitgenossen durch die Stiftergruppen in die religiösen Gemälde zu bringen pflegten, wenig Freude haben[10]). Hier kam ihm die Prachtliebe seiner Zeit hilfreich entgegen. War die starke Silhouette des Stifters und der leuchtende Glanz seiner weissen Kleidung schon von besonderer Kraft, so verlieh Eyck der kunstvollen, schimmernden Rüstung des heiligen Georg den Zauber höchster Pracht. Diesen beiden eng zusammengefassten Personen stellte er dann die einzige, aber imponirende Figur des heiligen Donatian gegenüber und hat die bedeutsamen Massen des schweren Brokatstoffes mit so reichem Colorit ausgestattet, dass das Gleichgewicht der beiden Bildhälften vollkommen aufrecht gehalten wird. Die Wucht des Porträts müsste im gegebenen Fall alle Aufmerksamkeit nach der rechten Seite ziehen, wenn nicht der Pomp des bischöflichen Ornates das Auge stets wieder nach links zöge. Ein ruhiger, aber stetiger Fluss der Harmonie entspringt daraus und das Interesse am Gemälde bleibt immer lebendig. Eyck hat also hier — und vielleicht mehr noch als an einem anderen Werke — die Symmetrie als Kunstmittel benutzt, um die Schärfe und Lebendigkeit seiner Auffassung in Einklang zu bringen mit der Ruhe, die seine Zeit und Umgebung von einem Altargemälde verlangte. Deswegen ist es gerade hier am Platz zu zeigen, dass für ihn die Symmetrie nicht durch arithmetische Mittel zu erreichen war. Er hat freilich die Flächen ziemlich gleichmässig verteilt, sodass die Figur des heiligen Donatian nicht nur beiläufig ebenso viel Raum einnimmt, wie die Stiftergruppe, sondern dass sich auch die Umrisse bis zu einem hohen Grade decken: aber er hat seine Komposition nur nach malerischen Werten, nicht nach Anzahl und Gestus der Figuren geordnet. Hierin liegt der Fortschritt Eyckischer Kunst gegenüber jener mittelalterlichen Gruppirung, die alle Stoffe, sei es in grossen Bildercyklen oder in kleinen

Tafelgemälden nur nach rechnerischen Grundsätzen behandelte, die sich genug gethan hatte, wenn auf beiden Bildhälften die gleiche Figurenanzahl vorhanden war. Es besteht ein tiefer Unterschied zwischen solch äusserlicher Symmetrie und der innerlich, sowie koloristisch so reich belebten, die die Palamadonna zu Eycks Meisterwerk macht.

Kehren wir zum Porträt des Canonicus zurück. Hier waltet dasselbe Verhältnis von Gleichgewicht und gegenseitiger Unterordnung. Selbst in Einzelheiten wird die geschlossene Gesamtwirkung nie ausser Acht gelassen und man könnte hierfür wohl kein besseres Beispiel angeben, als die prächtigen Hände, die das Gebetbuch und den Hornzwicker halten. Der Nachdruck wird nicht einseitig auf die Hände oder nur auf das Buch gelegt, sondern, was wir sehen, sind eben buchhaltende Hände, die mit dem Brevier als ein Ganzes gesehen sind.

Wenn es endlich erlaubt ist, auf das Kleinste einzugehen, so ist hier vielleicht der Ort, von Eycks Bildung des Auges zu sprechen. Er sieht es gewissermaassen als eine Muschel an. Wie die Schalen das Tier umklammern, so fassen die Lider das eigentliche Auge. System und Princip erstarren jedoch bei Eyck niemals zum Schema und darum wurden dieselben Augen des Canonicus Pala, die beide für sein Princip so charakteristisch sind, unter sich ganz verschieden behandelt. Wie viel schärfer und detaillierter ist das linke Auge ausgeführt, im Vergleich zu dem rechten, das weiter vom Beschauer entfernt, weicher und leichter angelegt ist.

Das Verlöbnisbild erwies sich als ein Situationsstück voll schärfster Betonung des Momentes, dabei aber auch als eine Charakterstudie von tiefer psychologischer Ergründung. Ebenso wurde Pala zwar zunächst als ein betender Mann aufgefasst, der im Augenblick nur an die wunderbare Situation denkt, in die er als Teilnehmer der sacra conversazione versetzt erscheint. Aber diese Auffassung betrifft nur Körper und Haltung des Mannes.

Obwohl momentan blos eine kleine Reihe seiner Gedanken und Gefühle in Thätigkeit sind, so bekommen wir doch eine so inhaltreiche Darstellung seiner ganzen Persönlichkeit, dass wir uns wohl vorstellen können, wie er sich bei andern Gelegenheiten benehmen wird. Das Porträt ist also nicht zum Genrebilde herabgesetzt. Obwohl es dem Künstler seiner Eigenart nach, vor allem um ein möglichst gegenständliches Conterfei der körperlichen Erscheinung zu thun war, hat er ein Charakterbild geliefert, und in der Schilderung des besonderen Falles den noch heute geltenden Typus eines lebenserfahrenen, einflussreichen Geistlichen zum Ausdruck gebracht. Wie Eyck das Kleine nicht ohne strengsten Bezug zum Ganzen auffasst, so erblickt er auch hier in der flüchtigen Einzelerscheinung das Wesentliche und ewig Dauernde. Wer sich nicht durch die Technik allein überzeugen lassen will, dass Eycks Kunst nicht von den Miniatoren herkommt, der wird sich wohl durch die Grösse seines Stils, wie sie sich besonders in diesem Gemälde offenbart, belehren lassen müssen. Es ist vielleicht wahr, dass Eyck in manchen Punkten von den Miniatoren beeinflusst wurde — für seine Auffassung der Landschaft ist das sogar wahrscheinlich — „aber es waren im Grunde nicht hervorbringende, sondern Gelegenheitsursachen", wie Justi das vom Verhältnis des Velazquez zu dessen Lehrern sagt.

Die Madonna und das Christuskind haben manche Herabsetzung erfahren müssen. Sie ist als unschön, das Kind gar als hässlich bezeichnet worden. Solche Urteile waren wohl in ganz ungerechter Weise durch die Vorliebe der älteren Forschung für die Formen der Renaissance inspirirt. Derartige Neigungen des Geschmackes dürfen aber bei der Beurteilung eines Künstlers nicht mitsprechen; sie dürfen das hier um so weniger, als gerade die ganze Mittelpartie des Bildes schlecht erhalten und durch Retouchen entstellt ist. Aber Ausdrücke, wie „hässlich" und „Rückschritt" [11]) sind doch an sich als ganz ungerechtfertigt zurückzuweisen. Die Madonna ist eine junge, stattliche und freundliche Frau von sehr angenehmem Teint. Die ausgeglichene Schönheit italienischer Formen ersetzt sie durch eine Frische, die sogar sehr anmutig gewesen sein muss, als das Bild noch wohlerhalten war. Ueberdies hat auch Eyck es vermieden — oder nicht vermocht? — eine nach dem Modell realistisch kopierte Frau seiner Umgebung als Madonna darzustellen. Nicht nur die reiche Tracht, sondern die selbstbewusste, würdevolle Haltung charakterisieren sie als die Himmelskönigin. Von jener milden, wohl auch sentimental-zierlichen Lieblichkeit der Madonnen des 14. Jahrhunderts findet sich freilich keine Spur [12]). Aber eine phlegmatische, flämische Matrone, wie man gesagt hat, ist sie gewiss nicht; besonders fehlen alle porträthaften Züge. Ich glaube nun zwar nicht, dass das auf bewusstem Idealisieren beruht, aber die Thatsache liegt vor, dass Eyck die Mutter seines Gottes weit über das Maass irdischer Frauen hinausgehoben hat. Das gleiche gilt vom Jesuskinde. Man hat zwar stets bemerkt, dass der Maler sein Modell, ein kräftiges Menschenkind, bis auf die einzelnen Hauptfältchen porträtiert hat, aber man darf nicht übersehen, dass er von dem Modell nur den Körper, nicht auch den Kopf genommen hat. Leider hat gerade das Antlitz des kleinen Jesus durch Retouchen und Nachdunkelung bis zur Entstellung gelitten, aber Eycks Streben, das göttliche Wesen des Knaben weihevoll auszudrücken, bleibt unverkennbar. Crowe-Springer sprachen von der geringen Grösse des Kindes und von der Kleinheit der Verhältnisse [13]), Fromentin gar von einem rachitischen Kinde [14]). Diese ganz unzutreffenden Beschreibungen lassen sich nur aus der ungünstigen Beleuchtung erklären, die bis zu dem, vor einem Jahre vollzogenen Umbau der Akademie von Brügge, das Bild allerdings schwer geniessbar machte. Das Jesuskind ist ein strammer, munterer Knabe von lebhaften Bewegungen und von Selbstbewusstsein. Das zeigt denn auch der Vergleich mit den süssen Kinderchen der Kölner Schule oder mit den armseligen, ungelenken Geschöpfen Rogers van der Weyden. Ueber seinen Typus und dessen Entwicklung werden wir später noch mehr zu sagen haben.

Es ist kein Zufall, dass gerade bei Jans Meisterwerk sich dem Beobachter das Primitive des Stils besonders aufdrängt. In der That kommt der überwältigende Eindruck dieses Gemäldes von dem, fast möchte ich sagen, naiven Bestreben, jedes Ding recht deutlich darzustellen. Es scheint beinahe, als habe der Künstler sagen wollen: Das ist ein Kopf, das ist eine Hand, eine Rüstung u. s. w. Trotz des innern, wahrhaft künstlerisch erfassten Zusammenhangs aller Teile, blieb jedem seine Selbständigkeit gewahrt, und das ganze Bild scheint aus lauter einzelnen, künstlich zusammengefügten Stücken aufgebaut zu sein. Diese Bemerkung involviert selbstverständlich keinen Tadel. Sie kann aber erklären, warum Eyck als Kolorist die Farben so unvermittelt neben einander zu setzen pflegt und warum er überhaupt sein Colorit so wenig von Licht und Schattenwirkung beeinflussen liess. Hieraus erklärt sich endlich die schon oben erwähnte Schwäche des Raumgefühles. So plausibel auch die Architektur gemalt ist, so fein das schwärzliche, ganz dünn behandelte Helldunkel des Hintergrundes wirkt, so kommt eine genaue Prüfung des Raumes und seines Verhältnisses zu den Personen auf überraschende Resultate. Die Figuren stehen ohne räumliche Verbindung nebeneinander. Die Stellung des heiligen Georg ist an sich ganz unmöglich; Palas Blick selbst, der dem des Jesuskindes begegnen sollte, verliert sich ins Weite; denn die Haltung des Canonicus ist im räumlichen Sinn unlogisch. Der alte Herr befindet sich eben so wie sein Schutzpatron in keinem klar und vor allem in keinem wahr ausgesprochenen räumlichen Verhältnis zur Madonna und zu dem göttlichen Kinde. So ist Eycks Stil primitiv, nicht allein in manchen Punkten der geistigen Auffassung, sondern in den künstlerischen Mitteln selbst. Aber es muss wiederholt werden, dass der Maler vermittels einer raffinierten und scrupellosen Linearperspektive, die in einem Bilde verschiedene Horizonte und auch sonst mancherlei Kunstgriffe verwendet, dergleichen Schwächen wohl zu verbergen wusste [15]).

Aus dem Jahre 1437 besitzt die Antwerpener Galerie eine Zeichnung Eycks, darstellend die heilige Barbara [16]). Leichte Untermalung des Himmels lässt vermuten, dass das Bildchen noch vollendet werden sollte. Da wir aber nicht sicher wissen, ob die Antuschung von Jan selbst herrührt, und da wir auch keinen bestimmten Grund dafür angeben können, warum der Künstler drei Jahre vor seinem Tod ein so kleines Werk unvollendet gelassen hat, so muss die Frage einstweilen noch offen bleiben. Es scheint aber, dass derartige Fälle öfter vorkamen; denn Karel van Mander berichtet sowohl von Zeichnungen als auch von Bildern, die nur mit „dootverwe ghedaen" waren. Über Jans Technik gibt die Antwerpener Zeichnung keinen wesentlich neuen Aufschluss. Es ist ja ohnehin bekannt und auch ohne weiteres ersichtlich, dass seine Gemälde auf ungemein genauer Vorzeichnung beruhen. Interessant wäre es, zu erfahren, wie und mit welchen Malmitteln er bei der eigentlichen Ausführung vorgegangen ist; aber hier lässt uns die Vorzeichnung im Stiche.

Von einer stilkritischen Behandlung des figürlichen Teiles darf man wohl absehen. Der hochstirnige Typus der heiligen Barbara, die stattlichen Falten des weit über den Boden gebreiteten Gewandes, die plastische Modellierung: alles stimmt, wenn auch in kleineren Verhältnissen, zu der Palamadonna. Besondere Beachtung verdient die Behandlung der Landschaft und des Turmes. Beide sind sehr glaubwürdig und anschaulich dargestellt, aber beide sind konstruierte Gebilde von Eycks Phantasie. So hat z. B. der Turm kein Mittelportal, sondern nur zwei sehr geschickt angebrachte Seiteneingänge. Eyck wird ein derartiges Gebäude kaum gesehen haben; aber für die Figur der Heiligen, die auf einem Hügel vor dem Turme sitzt, macht es sich besser, wenn das Mittelstück der Façade geschlossen ist. Darum wurde die Architektur unbesorgt nach den Bedürfnissen der Malerei arrangiert. Die Landschaft selbst ist, um einen heutzutage geläufigen Ausdruck zu gebrauchen, nach einem Recept angelegt. Eine Reihe fast paralleler Striche gliedert von rechts nach links das bergige Gelände. Der Raum zwischen den einzelnen Strichen war, wenn die weitere Ausführung wirklich beabsichtigt gewesen ist, dann jedenfalls dazu bestimmt, durch kräftige Lagen schwerer Deckfarben ausgefüllt zu werden, die unverschmolzen nebeneinander stehen bleiben sollten, damit ein gewisser juwelenartiger Glanz der heiteren Farben entstehen könnte. Wenn nun auf porträtähnliche Darstellung einer bestimmten Landschaft offenbar verzichtet wurde, so zeigt doch die Vorzeichnung, dass Eyck auch bei der Anlage des Hintergrundes darauf bedacht war, Klarheit und Schärfe ausdrücklich zu wahren. Es werden also Gemälde mit Landschaften, die seiner Art zwar im Allgemeinen entsprechen und die sogar im Besonderen sich mit ihr berühren, dann für ihn doch nicht in Anspruch genommen werden dürfen, wenn ihr Hintergrund flüchtig oder gar verschwommen und unklar behandelt ist.

Interessant ist der Vergleich der Anordnung mit der durchaus identischen des Verlöbnisbildes. Hier wie dort wird die Hauptperson in den Vordergrund gestellt, ohne dass sie bezug nimmt auf das laute Treiben in ihrer Nähe. Es kommt dadurch etwas Repräsentierendes in die Darstellung. Bei beiden Bildern sind darum auch die Nebenpersonen auf verschwindend kleinen Masstab reduziert, und zwar fällt das um so mehr auf, als die Hauptpersonen ganz unverhältnismässig und sogar aufdringlich gross erscheinen.

Wenn Jan sonst — und auch hier — die grösste Ruhe als wichtigstes Kunstmittel benutzte, so zeigt uns doch diese Skizze, dass er wohl imstande war, geschäftige

Lebendigkeit künstlerisch zu empfinden und darzustellen; hierauf werden wir beim Genter Altar noch zurückkommen müssen. Eycks Stil vermeidet das Leere. Tote Stellen gibt es bei ihm nicht. Das äussert sich nicht nur in der malerischen Belebung der Bildfläche, sondern auch in seiner Art, ein Sujet zu gestalten. Dafür gibt unsere Vorzeichnung einen höchst instruktiven Beleg. Das Symbol der heiligen Barbara ist der Turm. Sie pflegt ihn sonst entweder in der Hand zu halten oder aber neben ihm zu stehen. Eycks thatkräftiger Sinn hatte kein Gefallen daran, das Symbol ohne Weiteres in sein Bild aufzunehmen. Er stellte darum nicht den fertigen Turm dar, sondern lässt ihn eben erbauen und benutzt so die Gelegenheit, wenigstens im Hintergrund eine bewegte Scene in dem Bilde anzubringen. Eine Menge Arbeiter sind in Beschäftigung um das schon weit gediehene Gebäude: Steine werden angefahren, die Krahnen arbeiten, die Aufseher kommandieren, fromme Beter schreiten in die Vorhalle u. s. w. So hat Eyck die beschauliche Stille munter unterbrochen. Das Symbol steht nicht mehr unvermittelt da, es ist Mittelpunkt einer Handlung geworden, für die wir uns interessieren und die mehr bedeutet, als das blosse Wahrzeichen einer Heiligen. Die leere scholastische Formel ist künstlerisch beseelt und zwar begegnen wir dieser Ausgestaltung des Motivs in der niederländischen Kunst zum erstenmal bei Eyck[17]). Sie darf als sein persönliches Verdienst betrachtet werden. Es wird kein Zufall sein, dass bald darauf ein anderer Künstler von unruhigem, stets auf neue Erfindungen bedachtem Sinn, Andrea Mantegna, in der Mantuaner Freske, die den Jagdzug Lodovico Gonzagas darstellt, auch auf einer Anhöhe einen im Bau begriffnen Turm anbringt, der ohne irgend wie im Zusammenhang mlt Eycks Skizze zu stehen, doch in seiner Auffassung lebhaft an sie erinnert. Die stürmische Zeit der Vorrenaissance hat in ganz Europa Protest erhoben gegen die stille, mittelalterliche Kunst. So ist im Motiv des Turmbaus bei Eyck mehr zu erblicken als ein frühes Beispiel der niederländischen Genremalerei. Auch diese anmutige Skizze legt Zeugnis davon ab, dass sich eine neue Kunst erhoben hatte[18]).

Aus dem Jahre 1438 ist uns kein datiertes Werk seiner Hand erhalten. Der Berliner Christuskopf trägt wohl diese Jahreszahl, da aber die Inschrift nachweisbar gefälscht ist, so darf sie in die chronologische Aufzählung nicht eingreifen, um so weniger, als eine andere (in Brügge befindliche) Replik dieses Christuskopfes eine andere Jahreszahl trägt.

Aus 1439, dem vorletzten Lebensjahr des Meisters, besitzen wir zwei datierte Gemälde: das Porträt seiner Frau und die kleine Brunnenmadonna in Antwerpen. Die beiden Werke sind so kraftvoll wie nur je eines aus den früheren Jahren.

Das Porträt seiner jungen Frau hängt wohlerhalten in der Akademie von Brügge, leider ohne das Gegenstück: Jans Selbstporträt, mit dem es sich, der Tradition zufolge, Jahrhunderte lang in einer Brügger Kirche befunden hat[19]). Das kleine Bild gehört zu den grossartigsten Porträts der gesamten Malerei. Trotzdem ist es in der Litteratur nicht nach Verdienst gewürdigt worden; denn es widerspricht vielleicht mehr, als irgend ein anderes, den bis heute geltenden Anschauungen über Eyck. Hier ist ja die überaus einfache Ausführung ohne weiteres sichtbar, und das böse Wort vom „Miniator Eyck" wird wohl jedem in die Kehle zurückgewichen sein, der es vor der nebenanhängenden Palamadonna mit frevelhafter Unbedachtsamkeit ausgesprochen hatte. Das Porträt ist vielfach als unsympathisch bezeichnet worden. Über solche Gefühlswerte haben wir an dieser Stelle nicht zu rechten; unsere Pflicht ist es zu konstatieren, dass diese letzte oder vorletzte Schöpfung des Meisters sein reifstes Werk ist.

Es scheint, dass Eyck nach dem mühsamen Ringen mit dem Porträt des Canonicus Pala sich endlich ganz frei und fertig fühlte. Das Darstellen der Form hat aufgehört, für ihn ein Kampf zu sein. Mit liebenswürdiger Sicherheit bewegt er sich auf dem Gebiete der Malerei als Dichter, wie wir später sehen werden; darum hat er auch in diesem Porträt wohl zum ersten Male gewagt, die dargestellte Persönlichkeit unmittelbar mit dem Beschauer in Beziehung zu setzen. Wenn das Londoner Porträt von 1432 für uns nur ein Conterfei des jungen Mannes ist, das wir betrachten, so hat Eyck in der Belebung des Porträts noch einen Schritt weiter vorwärts gethan. Die Frau wendet ihr kluges, feines Angesicht dem Beschauer voll und fesselnd zu. Die unerhörte Objektivität der früheren Bildnisse ist hierdurch gemildert. Sie besteht zwar im Wesen noch, aber in der Erscheinung ist sie gewichen. Das Verhältnis hat sich demnach völlig verschoben. Dem Londoner Porträt von 1432 bleibt der Ruhm einer niemals übertroffenen Naturwahrheit. Trotzdem steht das Bildnis von Eycks Frau noch höher, eben dieser Vergeistigung wegen. Nicht als ob etwa das erste seelenlos, oder das zweite weniger naturgetreu wäre!

Entfaltung zu unabhängiger Freiheit und zu klassischer Schönheit ist der Charakterzug dieses Bildnisses, und doch war die Frau weder schön, noch hat ihr Gatte das wunderliche Zeitkostüm nur im mindesten verändert oder anmutiger gemacht. Es ist gerade die Behandlung der Tracht, in der sich den früheren Arbeiten Eycks gegenüber ein wesentlicher Fortschritt bekundet. An sich mag es freilich etwas Missliches sein, bei einem grossen Meister den Stilwandlungen nachzugehen; denn bedeutende Persönlichkeiten sprechen meistens schon in der Jugend ihr Wesen so deutlich und klar aus, dass die Äusserungen ihrer reifsten Thätigkeit in allem Wesentlichen gleich lauten mit denen der Frühzeit und nur in der Form von diesen verschieden sind. Aber es hat doch ein eigenes Interesse, dergleichen Wandlungen genau nachzuprüfen; und im vorliegenden Fall verschafft uns sogar diese Prüfung die wertvollste Aufklärung.

Bei den bis jetzt besprochenen Arbeiten müssen wir

die Gewalt anstaunen, mit der Eyck seine Gebilde zu geschlossenen Organismen zusammenfasste. Alle Zuthaten des Arrangements drängten gegen den Mittelpunkt hin. Bei dem Porträt des Timotheus wurde die Sendelbinde derart verwertet, dass sie den Kopf als feste Umrahmung umgibt und ihn drastisch hervortreten lässt. Ebenso wurde bei Arnolfinis Frau das burgundische Kopftuch dazu benutzt, die ostentative Plastik des Kopfes aufs kräftigste zu unterstützen. Beidemale wurde der Bekleidung des Hauptes mehr zugemutet, als sie eigentlich zu leisten hat, indem sie nicht nur sachlich nachgebildet, sondern auch in den Dienst der plastischen Wirkung gestellt wurde, die Eyck auf andere Weise damals kaum zu erreichen vermochte. Dem entgegen waltet beim Porträt von 1439 die Leichtigkeit eines freien Stils, der alles auf die einfachste und doch prägnanteste Weise zu sagen weiss. Von Gewalt der Anordnung, von bestimmter Führung des Blickes ist keine Rede mehr. Statt wie dort den Beschauer zu zwingen, immer wieder zur Betrachtung des kräftig modellierten Hauptes, als dem Mittelpunkt des Bildes, zurückzukehren, ladet Eyck hier in vornehmem Selbstbewusstsein zum Betrachten des Gemäldes als ganzem ein.

Schon in der Haltung des Kopfes macht sich der Unterschied gegen früher bemerkbar. Eycks ältere Porträts sind alle im Dreiviertelsprofil gegeben; denn diese ist die inhaltreichste und musste von einem Künstler, dem es um grösste Vollständigkeit aller Angaben zu thun war, naturgemäss bevorzugt werden. Da er sich aber in den Jahren der Reife bewusst geworden war, dass er diese Vollständigkeit der Angaben erreichen konnte, ohne die Sachlichkeit aufs äusserste zu treiben, so durfte er bei dem Bildnis seiner Frau auf jenes Arrangement verzichten, das bis jetzt seiner Eigenart so sehr entsprochen hatte. Die Stellung des Kopfes nähert sich dem Enface. Das brachte zunächst den Vorteil einer reicheren Bewegung; aber auch die Tracht konnte nun leichter und freier angeordnet werden. Die junge Frau trägt denselben Kopfputz, wie Arnolfinis Braut. Aber um wie viel härter ist bei dem früheren Bilde, das auch sonst so viel Steifes an sich hat, die ganze Anordnung. Selbst das leichte Kopftuch muss dort als feste Stütze des Hauptes dienen. Bei dem Porträt von Eycks Gattin aber fällt das Tuch in breiten Flächen auf die Schultern und lässt das Haupt völlig frei. Seine Aufgabe in der Ökonomie des Bildes hat sich sehr geändert. Während der Kopfputz dort bestimmt war, den Teil besonders hervorzuheben, auf den Eyck das Hauptinteresse concentrieren wollte, soll er hier zur Schmückung der Bildfläche im grossen Ganzen beitragen. Dort drängt er auf den Mittelpunkt hin, hier lenkt er von ihm ab. Daher kommt es, dass gerade dieses Porträt so wunderbar in den Rahmen komponiert ist.

Wie schon eingangs erwähnt, hat man das schöne Werk mitunter als unsympathisch bezeichnet. Dieses Urteil ist sicher ungerecht und kann nur durch jenen eigentümlich herben Zug erklärt werden, der Eycks Werken gewöhnlich eignet, und der sich auch hier, allerdings nicht gerade schroff, äussert. Jan pflegte seinen Porträts eine einsame Stimmung zu verleihen. Es ist nicht Weltfremdheit und nicht Weltabgeschiedenheit, was aus ihnen spricht, und doch leben diese ungemein wahr geschilderten Persönlichkeiten ein Leben, das nicht von dieser Erde ist. Selbst bei dem Bildnis seiner Gattin hat Eyck von dieser Auffassung nicht gelassen. Die kluge Frau blickt auf uns mit einem nicht gerade unfreundlichen, aber kühlen Blick. Weder knüpft sie mit uns eine Unterhaltung an, noch gibt sie sich Mühe, durch irgend eine Pose Eindruck zu machen. Als junger Künstler sucht Eyck die Gleichgültigkeit gegen die Aussenwelt dadurch zu kennzeichnen, dass der Porträtierte sich zur Seite wandte; als reifer Mann aber verfügt er über eine solch zarte Kunst des Nuancierens, dass das Porträt den Blick wohl auf den Beschauer richten darf und trotzdem ebenso wenig mit ihm in Berührung tritt, wie die früheren, gleichgültig abgewendeten. Hierin unterscheidet sich Eycks Stil wesentlich von dem etwas derberen einer späteren Zeit, wo die Augen aus dem Porträt heraus sich so aufdringlich an den Beschauer wenden.

Dem neutralen, gleichmässigen Aufbau des Gemäldes entspricht die Gestaltung der Hände. Früher waren sie einigermassen anspruchsvoll behandelt, sie mussten mithelfen, den Eindruck der Persönlichkeit klarer zu gestalten. Jetzt bedarf Eyck eines solchen Kunstmittels nicht mehr. Die Hände sind zwar immer noch ungemein sachlich durchgebildet, aber sie liegen so weit am Bildrande, dass sie fast verschwinden. Hier nähert sich Eyck bereits jener Form, die die sogenannte klassische Kunst der Hochrenaissance für das Porträt am meisten bevorzugte. Klassische Ruhe, die sich mit leisester Bewegung vermählt, ist überhaupt der Charakter dieses Bildnisses; hohe Kraft verbunden mit reinster Zartheit hinterlässt in uns für immer die Erinnerung an einen unsäglich feinen Geist.

Das zweite, aus dem Jahre 1439 erhaltene Werk, die Antwerpener Brunnenmadonna, stellt sich als schöner Abschluss einer glänzenden Künstlerlaufbahn dar[20]). Das Bild ist von sehr kleinen Verhältnissen, aber von grosser Pracht. Die Madonna steht in einem Garten vor und auf einem Teppich, der oben von zwei schwebenden Engeln in frommer Geschäftigkeit gehalten wird; neben der himmlischen Frau rauschen die Strahlen einer Löwenfontäne in ein schimmerndes Metallbecken.

Das Motiv ist nicht von Eyck selbst erfunden; es wurde ihm von der mittelalterlichen Kunst überliefert und findet sich bei den romanischen Völkern sowohl wie bei den germanischen. Man hat nun aus dem Umstande, dass die sogenannte Seminarmadonna im erzbischöflichen Museum zu Köln einige Ähnlichkeiten aufweist, schliessen wollen, dass Eyck von ihr beeinflusst sei[21]). Man hielt sich zu dieser Annahme um so mehr berechtigt, als man Gründe zu haben glaubte, die erlauben, die Seminarmadonna in das Jahr 1425 zu setzen. Diese Gründe sind aber an sich nicht stichhaltig, und ausserdem scheint das Kölner Gemälde seinem Stile nach gegen 1450, also nach Eycks Tode gemalt zu sein. Wie aber dem auch sei, so besteht jedenfalls nicht der mindeste Grund zu der Annahme, dass die überlebensgrosse Seminarmadonna die Anregung zu dem kleinen Bildchen Eycks in der Antwerpener Galerie gegeben habe. Beide Madonnen sind beiläufig zur gleichen Zeit entstanden unter dem Einfluss derselben mittelalterlichen Traditionen; hieraus erklärt sich die ohnehin sehr oberflächliche Ähnlichkeit der Anordnung zur Genüge.

Die älteste mir bekannte Notiz über die vor dem Teppich stehende Madonna findet sich im Malerbuch vom Berge Athos [22]). Dort steht beim Canon „der 24 Häuser der Gottesgebärerin“ unter dem Titel: „Die Kraft des Höchsten“ folgende Vorschrift: „Die Heiligste sitzt auf einem Thron und zu ihren beiden Seiten halten 2 Engel einen grossen Schleier hinter sie, welcher von oben bis unten geht, und über ihr steigt der hl. Geist hernieder in vielem Glanz und in vielen Wolken“. Man hat unter dem Schleier wohl einen Brautschleier zu verstehen, sodass die Scene die mystische Vermählung Mariae mit Gott darstellen sollte. Das Motiv versteinerte später und fiel dem Missverständnis anheim. Aus dem Schleier wurde ein Teppich. Aber noch immer behielt die mittelalterliche Malerei die alte, nun einigermassen sinnlos gewordene Anordnung bei. Auch bei der Seminarmadonna schwebt zu Häupten der göttlichen Jungfrau (die nicht mehr sitzt) die weisse Taube, Gottvater selbst und singende Engel wohnen der geheimnisvollen Scene bei. Von all diesem für ihn veralteten und von seiner Zeit nicht mehr verstandenen Beiwerk hat Eyck das schöne Motiv befreit. Aus dem religiös verklausulierten Symbol hat er ein lebendiges Kunstwerk geschaffen, wie wir das in ähnlicher Weise schon bei der Vorzeichnung zur heiligen Barbara gefunden haben.

Das liebliche Gartenidyll der Brunnenmadonna entspricht ganz der nordischen Freude an der Landschaft. Es ist darum kein Wunder, dass gerade die späteren Niederländer bald darauf jene holden Madonnen schufen, die in reichen Landschaften ein so stilles, poetisches Dasein führten. Wie ganz anders ist die Ausbildung, die jene mittelalterliche Darstellung der mystischen Vermählung Mariae bei den Italienern erfahren hat. Auch dort wird ähnlich wie bei Eyck hinter dem Teppich eine Gartenmauer aufgerichtet. Aber bald musste diese den herrlichen Bögen und Hallen der Renaissance weichen. Das Motiv, das den Nordländern Veranlassung gegeben hatte, ihren Sinn für Landschaft so glänzend zu entfalten, gab den baulustigen Italienern die Anregung zu den prachtvollen architektonischen Hintergründen ihrer Madonnenbilder.

Wer von Eyck spricht, wird immer den Glanz der Farbe rühmen. Bei der Brunnenmadonna aber muss eine selbst bei ihm einzig dastehende Pracht des Colorits hervorgehoben werden. Die Schönheit und Kraft dieser Farbe ist so überraschend, dass der Gedanke an eine neue Phase in Eycks Kunst nahe liegt. Wir wissen jedoch nichts Näheres über sein Leben und seine Entwickelung, so dass wir keine Hypothesen machen dürfen. Nur mit Vorbehalt sei die Vermutung geäussert, dass Jan wohl als verhältnismässig junger Mann gestorben ist, und dass ihn der Tod wegnahm, als er gerade begonnen hatte, sich neue Ziele zu stecken.

Im Arrangement begegnen wir wieder der seit 1437 beobachteten reicheren Belebung. Der Vergleich mit der Seminarmadonna belehrt uns hierüber am besten. Diese steht auf sehr einfach behandeltem Wiesengrund. Wenn wir von der zwerghaften Gestalt der knieenden Stifterin absehen, die in den Aufbau des Bildes gar nicht miteinbezogen ist, so befindet sich die Madonna allein vor dem gestickten Teppich, ohne irgend eine Unterbrechung der, trotz alles Glanzes recht monotonen Fläche. Die kindlichen Engelein rechts und links am Teppichrande, wie auch die ganz oben angebrachten Symbole der Dreieinigkeit und die Engelgruppe mit dem Spruchbande rechts in der Ecke stehen so wenig in Verhältnis zu der stattlichen Grösse des Gemäldes, dass man trotz der minniglichen Auffassung das Gefühl einiger Leere und Oede nicht los wird. Ganz anders die Brunnenmadonna: diese steht nicht mehr auf einer blumigen, freien Wiese. Eine Mauer schliesst den hehren Gottesgarten ab und verleiht dadurch dem Ganzen den Charakter der Abgeschlossenheit. Die Madonna aber darf sich darum freier bewegen. Sie ist nicht genau in den Mittelpunkt gerückt, wie die Seminarmadonna, sondern steht merkbar abseits nach rechts. Hierdurch bekam Eyck Gelegenheit und Raum, die glänzende Fontäne anzubringen. Die Ödigkeit der Raumbehandlung ist verschwunden; jedoch muss ausdrücklich betont werden, dass die Rücksicht auf symmetrische Wirkung nicht ganz aufgegeben ist. Die Mitte wird noch immer einigermassen betont; die beiden Engel rechts und links oben tragen dazu bei, den Anschein strenger Anordnung zu erwecken, die man damals nicht missen wollte. Wie wenig streng sie aber im Vergleich zu seinem früheren Stil ist, lehrt uns der Vergleich mit dem Verlöbnisbild des Arnolfini. Während Eyck dort absichtlich alles vermieden hat, was die Regelmässigkeit nur im mindesten stören würde, so liess er hier völlige Freiheit im linearen Aufbau walten. Die Farbe allein hat das Gleichgewicht zu stützen und zu halten. Eycks Sinn für Harmonie beeinflusst noch immer die Anlage in allen wesentlichen Punkten. Nur ist an die Stelle des unbehilflichen, architektonischen Parallelismus der ersten Zeit jenes Kunstmittel getreten, das der Malerei vor allem eignet, der Zusammenklang des Kolorits, von dem ja schon die, vier Jahre vor Eycks Tode vollendete Palamadonna zeugt.

So ergibt sich aus der Betrachtung ganz verschiedener Arbeiten seiner letzten Jahre für diese das gemeinsame Characteristicum: Fortschritt zu grösstmöglicher Unabhängigkeit von Äusserlichkeiten, die nur ihrer Zeit angehören. Bei dem Genter Altar, der uns im nächsten Kapitel beschäftigen wird, hat sich Eyck noch streng an die Vorschriften mittelalterlicher Kunstpraxis gebunden, in der Brunnenmadonna steht er dem wesenlos gewordenen Kanon völlig frei gegenüber. Freiheit ist somit das Kennzeichen seiner letzten Periode.

Zweites Kapitel.

Der Genter Altar.

Als ältestes Werk der neueren Malerei stand von jeher der Genter Altar der Brüder van Eyck im Mittelpunkte vielgeschäftiger Untersuchungen. Bis jetzt hat man in der Regel nur versucht, sein Geheimnis durch stilkritische Untersuchungen zu ergründen und hat die hier unumgänglich notwendigen philologischen Vorarbeiten eigentlich gar nicht in Angriff genommen. Der Plan der vorliegenden Schrift schliesst es nun allerdings ebenfalls aus, dass diese Vorarbeiten hier erledigt werden; immerhin sei es dem Verfasser gestattet, einige von ihm neu aufgefundene und mehrere andere bis jetzt nicht nach Verdienst gewürdigte und nur bruchstückweise mitgeteilte Texte zu veröffentlichen. Zunächst aber sei die Inschrift des Genter Altars besprochen, die bisher in willkürlicher Form ergänzt worden ist. Die umfangreichen noch erhaltenen Reste lauten:

P — r Hubertus eeyck maior quo nemo repertus
Incepit pondusque Iohannes arte secundus
— — Iudoci Vydt prece fretus.
VersV seXta MaI Vos CoLLoCat aCta tVerI.

Die Inschrift wurde schon in früher Zeit, zugleich mit dem ganzen Rahmen, grün übermalt und kam erst im Anfang unseres Jahrhunderts bei der Reinigung des Rahmens mit den oben verzeichneten Verstümmelungen wieder zum Vorschein. Da aber zur gleichen Zeit de Bast in einer Handschrift des de Huerne eine aus dem 16. Jahrhundert stammende Abschrift fand, so liessen sich die schwer lesbaren oder verschwundenen Teile wieder ergänzen. Man hat hierbei den Binnenreim des leoninischen Verses nicht genügend berücksichtigt und gab eine nicht haltbare Lesart; ich lasse darum hier die von Dr. Traube in München herrührende Emendation folgen, die an den thatsächlichen Angaben der Inschrift nichts ändert, aber die Verse in guten Zustand versetzt:

Pictor Hubertus, maior quo nemo repertus,
Incepit pondusque Iohannes frater secundus,
Suscepit laetus, Iudoci Vydt prece fretus,
VersV seXta MaI Vos CoLLoCat aCta tVerI[23]).

Das Chronostichon setzt die Inschrift in das Jahr 1432. Wir hören dann lange Zeit nichts mehr von dem Genter Altar. Erst im Jahre 1495 schrieb ein Nürnberger Arzt und Humanist, der eine Reise nach dem Westen Europas gemacht hatte und auch nach Gent gekommen war, auf Grund sehr genauer Aufzeichnungen und wohl mit Benützung einer alten in den Niederlanden verfassten Beschreibung von Gent folgende Notiz[24]):

De nobilissima tabula picta ad Ioannem, cuius simile vix credo esse in mundo.

Ecclesia S. Ioannis inter illas tres principales est pulcrior, maior et longior de 156 passibus. Et inter cetera habet unam tabulam depictam supra unum altare magnum et preciosissimam de pictura. In cuius summitate est depictus Deus in maiestate. Et ad dextram beata virgo. Et ad sinistram Ioannes baptista. Et sub eis figure octo beatitudinum. In ala autem dextra Adam: et circa ipsum angeli: cantantes melos deo: In ala autem sinistra Eva: et angeli cum organis. Et in inferiori ala dextra Iusti iudices et Iusti milites. sub ala autem sinistra Iusti heremitae: et Iusti peregrini. Et omnia illa sunt ex mirabili et tam artificioso ingenio depicta: ut nedum picturam: sed artem pingendi totam ibi videres videnturque omnes ymagines vive. Postquam autem magister pictor opus perfecit: superadditi (sic!) sibi fuerunt ultra pactum et pretium sexcentum corone. Item quidam alius magnus pictor supervenit volens imitari in suo opere hanc picturam et factus est melancolicus et insipiens. O quam mirande sunt effigies ade et eve. videntur omnia esse viva. Et singula membra sibi correspondent. Sepultus est autem magister tabelle ante altare.

Die kurzen Notizen Dürers (1521) und Vasaris (1550—1568) sind bekannt; sie geben im Wesentlichen nur die Auffassung des 15. Jahrhunderts wieder, dass Jan der bedeutendere der beiden Brüder war. Reicher an positiven Angaben und viel citiert sind L. Guicciardinis *Descrittione di tutti i Paesi Bassi* (1567) und Vaernewycks 1574 erschienene Historie van Belgis. Weniger beachtet sind zwei andere belgische Geschichtschreiber des 16. Jahrhunderts, die beide durch ihre gründliche Gelehrsamkeit ausgezeichnet waren: Opmeerus und Marchantius. Der 1595 verstorbene Annalist Opmeerus, der mit den bekanntesten Künstlern seiner Zeit und seines Landes, wie Antonio Moro und Martin Hemskerck befreundet war, schrieb in seinem 1611 gedruckten *opus chronographicum orbis universi* S. 167 Folgendes, was sich auch in Opmeers 1625 in Cöln veröffentlichter *Chronographia mundi* wiederfindet: *Promeruit et non vulgarem laudem Ioannes Eickius, docens colores oleo seminis lini contrito quam diutissime ferre aetatem, in multaque durare saecula: picturam quoque barbarie extinctam resuscitando. Opus eius erat tabula illa Agnus Dei dicta, in D. Ioannis Gandavi; quam*

Philippus Austriacus II, Hispaniarum Rex locarat 2000 ducatis imitatione exprimendam Michaeli Cochsieno. Im gleichen Werke, S. 406 bemerkt dann Opmeerus beim Jahre 1410: *Hac tempestate floruerunt Gandavi Ioannes Eickius cum Huberto fratre suo maiore natu, summi pictores. Quorum ingeniis primum excogitatum fuit colores terere oleo seminis lini. Nec modo tabulas pinxerunt suis Belgis: sed complures ipsorum tabulae ad Alphonsum Neapolim et Laurentium Medicem Florentiam transmissae in magno apud eos precio fuerunt. — — Porro Ioannes Eickius iuvenis Brugis obiit: et Hubertus grandaevus Gandae: orti Masaico Taxandriae opido ad flumen Mosam. Hic in D. Ioannis, sepulcro Flandricis carminibus annum obitus 1426 decimo quarto Kalendas Octobris indicantibus ornato, fuit conditus ille in S. Donatiani, ubi eius Epitaphium, elegiaco carmine Latino columnae appensum legitur:*

Hic iacet eximia clarus virtute Ioannes,
In quo picturae gratia rara fuit.
Spirantes formas, et humum florentibus herbis
Pinxit, et ad vivum quodlibet egit opus.
Quippe illi Phidias et cedere debet Apelles,
Arte illi inferior ac Policletus erat.
Crudeles igitur, crudeles dicite Parcas,
Que talem nobis eripuere virum.
At cum sit lacrymis incommutabile fatum,
Vivat ut in caeli parte precare Deum.

(Diese von Opmeer gegebene Form des Epitaphs erweist sich als eine verbesserte Variante von dem bei Vaernewyck gegebenen Texte.)

Hier sei auch gestattet, die wunderliche Stelle aus Jac. Marchantii *Flandria descripta* anzuführen, die zwar den Genter Altar nicht erwähnt, aber für die philologische Behandlung nicht uninteressant ist. Marchant war ein sehr geschätzter Historiker. Er war einerseits von grosser Belesenheit und bildete anderseits die vielausgeschriebene Quelle für die späteren Chronisten, wie sich denn auch die sogleich zu citierende Stelle wörtlich noch 1631 in dem *Ulysses* des Gölnitzius wiederfindet und endlich in Martin Zeillers 1649 zu Ulm gedruckter *„Neuen Beschreibung dess Burgundisch-Niederländischen Craises“* (S. 385) citiert wird. Marchant schreibt bei der Aufzählung der berühmten Söhne der Stadt Brügge (S. 132): *Neque forsitan hinc excludi velint, ubi lubenter habitarunt et pinxerunt, Michael Angelus et Bonarotus Florenteni celeberrimi: neque Ioannes Vaneickus, summi nominis qui primus oleo ex lini seminibus extuso, cepit picturae colores Brugae miscere ac perpetuare. Brugae sepultus. Quibus adiungi gaudent, Brugae nati, pictores famigerati Hugo, Rogerius, Lancelotus, Porbussi: quales non pauci genitalem Gandavi etiam, Ipraeque ortum habuerunt.*

Das Jahr 1604 bringt dann die weitschweifige viel citierte Darstellung Carel van Manders, die weiter nichts Neues enthält als die Behauptung, dass Jan Huberts Schüler gewesen sei. Sie gibt im Anschluss an Vasari die bekannte Schilderung der Erfindung der Ölmalerei, wobei aber bemerkt werden muss, dass Manders Bericht viel inhaltsreicher ist als der des Vasari. Auch Mander nimmt das Jahr 1410 als Datum der wichtigen Erfindung, welche Angabe uns bei Guicciardini zum ersten Mal begegnet, an. Vier Jahre später (1608) erschien Auberti Miraei *Rerum toto orbe gestarum Chronicon.* Es schreibt ebenfalls zum Jahre 1410: *Ioannes Eickius et frater eius Hubertus pictores eximij — Brugis Flandrorum emporio tunc celeberrimo florent. Sunt qui volunt eos natos et sic nuncupatos a Maseica, vulgo Maes-Eyck, ditionis Leodicensis opido ad Mosam flumen sito. Horum alter Joannes, oleo ex lini seminibus extuso picturae colores primus miscuit, atque aeternos, ut sic dicam, adversus aevi iniuriam reddidit. Divinum hoc inventum plerique ad annum Christi 1410 referunt: sed ante annum Christi 1400 id Belgicis cum pictoribus Eyckium communicasse, convincunt vetustiores tabellae coloribus oleo mixtis depictae: atque in his ea quae in templo Franciscanorum Lovanij spectatur: cuius quidem auctor sive pictor notatur obijsse anno 1400. Ceterum Antonellus Messinensis, Siculus, cum Brugis aliquamdiu versatus fuisset, colorum oleo temperatorum usum primus in Italiam attulit eumque Dominico Veneto, et alijs pictoribus Italis commonstravit: ut Georgius Vasarius in suo de illustribus Italiae pictoribus opere fatetur. Tanta porro Ioannis Eickij apud exteros fama ut pictas ab eo tabellas Alfonsus Rex Neapolitanus, Fredericus II Urbinatium Dux, Laurentius Medicaeus, aliique Italiae Principes vehementer expeterent, atque e Belgio advectas ingenti sibi pretio compararent. Visitur hodie Gandavi in S. Ioannis basilica cathedrali nominatissima Eickiorum tabula, septem misericordiae opera continens, una cum Adami et Evae imaginibus, in alis tabulae. Huius exemplar a Michaele Coxia efformandum curavit Philippus II, Hispaniarum Rex; quod in Hispaniam transvectum, hodie in Scuriaco Hieronymianorum coenobio, D. Laurentio martyri sacro, spectatur. Putatur autem tabula ista Gandensis ab Huberto Eickio primum incohata, sed illo ex vivis sublato a Ioanne fratre perfecta. Hubertus obijt Gandavi anno 1426, ibidem in cathedrali aede sepultus. Ioannes vero obijt Brugis, ibidem in cathedrali S. Donatiano sacra conditus. Annum obitus eius nondum equidem comperi.*

Bald nach dem Chronicon des gelehrten Bibliothekars Miraeus erschienen die Annalen Flandriens von Emmanuel Sueyro (1624).

Sie erzählen auf Seite 88 zum Jahre 1410 Folgendes: *Florecian en la ciudad de Brujas Juan y Huberto van Eycke hermanos, pintores y artifices insignes, que segun la opinion de algunos nascieron en Maes-eyck, lugar pequeño a la orilla de la Mosa y de la jurisdicion de Lieja. hallò el Juan el modo de defender la pintura de las injurias del tiempo, mezclando los colores con el alzeite ò olio sacado de las simientes del leno, invencion rara y que se communicò despues a otras naciones siendo el primero Antonello de Messina Siciliano (el qual se hallò en aquel tiempo en Brujas) que enseñò en Italia la forma a Domenico Veneto y otros pintores de aquella Region, donde como en todas fue celebrado el nombre de Juan van Eyck, honrando sus obras el Rey Alfonso de Napoles, Frederico el segundo Duque de Urbino, Lorenço de Medicis, y otros Principes, favoreciòle mucho Phelipe Conde de Charolois, hijo del Intrepido y conociendo las prendas del hombre y su grande entendimiento le recibiò entre sus consejeros estimando su parecer y compañia. Vee se aun en la Iglesia de S. Juan de Gante el retablo de las siete obras de misericordia con las efigies de Adam y Eva en los lados, de que el Señor Rey Don Phelipe segundo de gloriosa è immortal memoria, mandò sacar y llevar a España la copia hecha por Miguel Coxie: està en la capilla real de Madrid. Creese que fue el original començado por el Huberto, y que por su muerte le acabò Juan van Eyck que muriò en Brujas dò le enterraron en la Iglesia de S. Donaciano.*

Derselbe Sueyro macht dann zum Jahre 1426 die bemerkenswerte Angabe: *(el Duque de Borgoña) sintiò mucho la muerte del Señor de Himbercourt y de Mauricio de San Ligier y el saber que havia muerto en Flandes Huberto van Eyck.*

Ungefähr gleichzeitig mit der Drucklegung von dem Geschichtswerk des Miraeus sind die 1610 gedruckten *Antiquitates illustrissimi ducatus Brabantiae* des gründlichen Gramaye, bei dem sich eine kurze aber beachtenswerte Erwähnung des Genter Altars findet: er sagt bei der Beschreibung der Sankt Jans-(Bavo)-Kirche: *cuius ut fabricam tam superiorem quam subterraneam admirantur architecti, ita picturas pictores: Imprimis illam Adami et Evae, opus Ioannis ab Eyck, inventum Iusti Vitii, Domini Pamelae, in quam tabulam ita lusit noster Vrientzius.*

Quos Deus ob vitium paradiso exegit, Apelles
Eyckius hos Vitii reddidit aere Patres.
Arte modoque pari pariterque concurrere visi,
Aemulus hinc pictor, fictor et inde Deus.

Ein Manuskript aus dem Anfang des 17. Jahrhundert, das zum grössten Teil sich als eine Kopie einer älteren Handschrift darstellen lässt, gibt eine Sammlung der Genter Kircheninschriften und sagt bei Gelegenheit der an der Südseite der Bavokirche angebrachten Grabdenkmäler:

Daer is het epitaphie van Jan Van Eyck, den excellenten Schilder, die gheschildert heeft de autaertaefele van Adam en Eva, in welcke is gheschildert de zeven zalicheden zeer excellent in de Kercke van Ste Baefs in een capelle van zuuden, hetzelve epitaphie hanghende in de Kercke van Ste Donaes te Brugghe daer hy begraeven es; dezen es inventeur ghewecst, ... 300 Marcus Van Vaernewyck historiograef schrift lib. 4, cap. 47[25]).

Die Nachrichten der späteren Schriftsteller sind für uns ohne Belang; sie enthalten nur Reproduktionen der bisher angegebenen Quellen und sind unzuverlässig. Hier ist auch Sanderus zu nennen, der Ausschreiber des tüchtigen Gramaye. So erweist sich die aus Sanders *Flandria illustrata* bei Crowe-Springer S. 45, übrigens lücken- und fehlerhaft citirte Stelle als Wiederholung von Gramayes oben angeführter Notiz. Aus all diesen Stellen geht hervor, dass man vom 15. Jahrhundert an bis zum 18. sich in den Niederlanden viel um den Genter Altar gekümmert hat, und dass Hubert in der Erinnerung des Volkes, und auch der Genter Maler weit hinter Jan zurückgetreten ist, obgleich man seiner nie ganz vergessen hat. Zwei Stellen allein — abgesehen von der Inschrift des Genter Altars, die ja allerdings von hervorragender Wichtigkeit ist — könnten allenfalls dafür sprechen, dass Hubert schon im 15. Jahrhundert viel genannt war. Die eine ist Sueyros interessante Notiz ad annum 1426, die andere aber Münzers, in verschiedener Hinsicht auffallender Schlussatz. Ich behalte mir die philologische Durcharbeitung des Materiales für eine andere Gelegenheit vor, muss aber schon hier darauf hinweisen, dass eine so gut wie unberücksichtigt gebliebene Notiz eines Manuskriptes, das sich im Besitz des Genter Archivars, Herrn

Schoormann, befindet, besagt, dass Hubert ursprünglich in Brügge begraben war [26]) und dass sein Epitaph erst später nach Gent überführt wurde; wir wissen ferner, dass eine Kopie von Jans Epitaph nach S. Bavo in Gent gebracht wurde und zwar mit der Begründung, dass Jan der Meister des Altares sei. Diese Nachrichten und Münzers Schlussatz bringen nur neue Fragen, ohne dass wir im Stande wären, sie nach irgend einer Seite hin mit Sicherheit zu beantworten. Gehen wir darum jetzt lieber zu unserer eigentlichen Aufgabe, der kritischen Behandlung des berühmten Werkes.

Das Thema des Genter Altars ist die doppelte Verherrlichung Christi, des Herrschers der himmlischen und des Retters der irdischen Welt. Das grossartige Altarwerk besteht aus zwei übereinanderstehenden Bilderserien. Oben thront Christus [27]) in kaiserlichem Schmuck zwischen Maria und dem heiligen Johannes. Engelchöre stimmen rechts und links ihr kräftiges Hallelujah an; Adam und Eva stehen bescheiden zu äusserst an der Seite, nicht teilnehmend an der Glorie des Himmels, aber doch erhöht über die übrige Menschheit; denn sie sind Gottes eigenes Werk und haben sich seiner väterlichen Freundschaft rühmen dürfen. Die untere Reihe verbindet zwei Bilderkreise, den der mystischen Anbetung des Lammes und die Darstellung „der ganzen Geisterwelt“ — wie sich die scholastischen Künstler auszudrücken pflegten. —

Es ist schon vor langer Zeit bemerkt worden, dass zwischen dem berühmten Werk der Brüder van Eyck und einem Kanon des Malerbuches vom Berge Athos gewisse Beziehungen obwalten [28]), jedoch war der Sachverhalt nicht recht klar; denn die byzantinische Vorschrift für die Darstellung der mystischen Anbetung des Lammes sieht dem Genter Altar gegenüber doch recht dürftig aus.

Die Grundlage der ganzen Scene ist eine Stelle aus der Apocalypse, die ich nach dem oben genannten Malerbuche citiere: „Und ich schaute und siehe, ein Lamm stand auf dem Berge Sion und mit ihm 144 Tausend, welche den Namen seines Vaters auf ihrem Angesichte geschrieben hatten; diese sind, die mit den Weibern sich nicht verunreinigt haben; denn sie sind jungfräulich; diese sind, welche dem Lamm folgen, wohin es geht“. Der kunstfertige Mönch vom Berge Athos gibt folgende Anleitung, die Scene darzustellen: „Ein hoher Berg und auf demselben steht ein Lamm, welches einen Nimbus trägt und ein Scepter hält; (auch) hält es eine rote Fahne mit seinem Fuss und hat ein Kreuz an der Spitze der Fahne. Und an den vier Seiten des Thrones sind die viergestaltigen Evangelisten und die 24 Ältesten sind zu beiden Seiten. Und (es ist da) eine Menge Engel, welche Zithern halten. Und daneben (sind) viele Jungfrauen mit weissen Gewändern, welche ihre Hand und Augen auf das Lamm gerichtet haben. Unter ihnen (sind) drei Engel, welche nach unten schauen. Der eine trägt ein aufgeschlagenes Evangelium und sagt: Fürchtet den Herrn und gebt ihm die Herrlichkeit; denn der Tag des Gerichtes ist gekommen. Und ein anderer zu seiner Rechten zeigt mit der Hand nach unten und mit der andern hält er ein Blatt und sagt: Es ist gefallen, es ist gefallen die grosse Stadt.

„Und ein anderer Engel zu seiner Linken hält die eine Hand ausgestreckt und in der andern trägt er ein Blatt und sagt: Wenn einer das Tier anbetet und sein Zeichen an seine Stirne nimmt und an seine Hand, der soll trinken von dem Zornwein Gottes.

„Unter ihnen ist die Stadt Babylon zerstöret.“

Die Schilderung des Byzantiners gilt einem bestimmten Kapitel der Apokalypse und einer einzelnen Scene, der Vernichtung Babylons. Der Genter Altar aber verherrlicht in allgemeiner, allegorischer Weise die Macht Christi, und es sind darum trotz vielfacher Übereinstimmungen auch viele Abweichungen von dem byzantinischen Canon zu bemerken.

Nun gibt eine andere Stelle des Malerbuches an,

wie die Herrlichkeit der ganzen Geisterwelt zu behandeln sei[29]): „Der Himmel mit der Sonne, dem Mond und Sternen; und Christus sitzt in der Mitte, hält ein Blatt und sagt: »Der Herr hat mich besessen im Anfang seiner Wege, vor der Zeit hat er mich gefestet.« Und zu den vier Seiten sind die vier Evangelisten mit dem Angesichte des Menschen, des Stiers, des Löwen und des Adlers, und zu beiden Seiten desselben sind die Heiligste und Johannes Ehrfurcht bezeugend. Und um ihn im Kreise sind die neun Chöre der Engel. Tiefer unten sind die Chöre aller Heiligen auf Wolken und halten Blätter.

„Die heiligen Erzväter und vor ihnen Adam, sagt in einem Blatte: Herrlichkeit der Erzväter, heitere Fröhlichkeit.

„Die Propheten und vor ihnen Moses und sagt: Herrlichkeit der Propheten und Erfüllung des Gesetzes.

„Die Apostel und vor ihnen Petrus und sagt: Herrlichkeit der Apostel, nie ruhende Erfüllung.

„Die Bischöfe und vor ihnen Chrysostomus und sagt: Herrlichkeit der Streiter, Kraft und Stärke.

„Die Einsiedler und vor ihnen Antonius und sagt: Herrlichkeit der Asketen und Ruhm der Einsiedler.

„Die rechtgläubigen Könige und vor ihnen Konstantin: Herrlichkeit der Rechtgläubigen, Stärke der Könige.

„Die Frauen-Martyrinnen und vor ihnen Katharina und sagt: Herrlichkeit der Jungfrauen, himmlischer Bräutigam.

„Die gottgeweihten Frauen und vor ihnen Eupraxia und sagt: Herrlichkeit sei dir, du ewige Freude der Klösterlichen.

„Unter den Heiligen sind Berge mit fruchtbringenden und unfruchtbaren Bäumen und auf denselben verschiedene Vögel und alle Tiere, zahme und wilde."

Was in dieser zweiten Stelle über die Verherrlichung Christi gesagt wird, ist nun einerseits allgemein allegorisch, anderseits enthält es auch im Einzelnen viele Beziehungen zum Genter Altar. Die Einzelgruppen, denen besonders gekennzeichnete Heilige voranschreiten, finden sich zwar nicht alle bei Eyck, aber man sieht aus dieser Stelle wenigstens das Eine, dass solche heilige Gruppen, wie sie auf dem Genter Altar vorkommen, in beiläufig ähnlicher Anordnung schon der mittelalterlichen Kunst geläufig gewesen waren. Wenn bei unserem Altar dann im Einzelnen wesentliche Abweichungen zu beachten sind, so dürfen diese nicht allzu sehr betont werden; denn sie mussten sich einstellen, so wie zwei Bildercyclen in Einen zusammengezogen wurden.

Es wäre nun interessant zu erfahren, ob die Verschmelzung von den Eyck herrührt, oder ob sie schon vor ihnen von der ausgehenden mittelalterlichen Kunst vollzogen worden war. Wie dem aber auch sei, so viel ist gewiss, dass der seinerzeit so viel bewunderte, religiöse Tiefsinn der Komposition das Ergebnis kalter, scholastischer Spekulation und aus mönchischen Vorbildern mehr oder weniger direkt entlehnt ist. Persönliches Verdienst des einen oder der beiden Künstler ist in dieser Hinsicht durchaus nicht anzunehmen. Das ist von grosser Wichtigkeit. Bis jetzt war man ja gewohnt, Hubert als den Erfinder der Komposition zu betrachten, sie ihm als sein geistiges Eigentum zuzuschreiben und zwar nicht nur nach der Seite der künstlerischen Anordnung, sondern auch nach der der vermeintlichen Ideenfülle. Indem ihr Wert als persönliche That eines einzelnen Mannes weit überschätzt wurde, kam man auch dazu, Huberts geistige Bedeutung aus dieser Hypothese heraus zu beurteilen und mit der des jüngeren Bruders zu dessen Ungunsten zu vergleichen. Hubert wurde als der Grössere der Beiden betrachtet, und da nicht versäumt wurde, die Konsequenz zu ziehen, so suchte man in Jans Werken nach allerlei Anhaltspunkten, um darzuthun, dass ihm der eigentlich monumentale, hohe Sinn gefehlt habe. Im Grunde genommen rührt eben das Urteil, dass Jans Stärke die Detailmalerei sei, weniger von der unleugbar feinen Vollendung seiner

Werke, als von dem Umstande her, dass er eben um jeden Preis als der minder hoch Veranlagte erscheinen sollte.

Wenn auch der religiöse Gehalt des Genter Altars uns leider keinen Aufschluss über das Verhältnis der Brüder Eyck zu einander gibt, so darf von dem Studium der künstlerischen Behandlung des durch die Mönche überlieferten Stoffes einige Aufklärung erwartet werden. Als Erstes ist die Frage nach der beabsichtigten Wirkung ins Auge zu fassen. Diese kann auf eine kurze Formel gebracht werden: glanzvoller Ernst soll dem Beschauer entgegenstrahlen. Alle heitere Pracht der Welt wird so eingehend wie möglich geschildert und doch überwogen von der hieratischen Würde der Gesamtauffassung. Es ist jedoch wohl zu bemerken, dass erst die innige Vereinigung von Glanz und strengem Ernst den Grundcharakter des Bildes ausmacht. Kein anderes Urteil konnten wir über das Verlöbnisbild des Arnolfini und die Palamadonna fällen, zwei Hauptwerke Jans. Das Kunstmittel, durch welches die beabsichtigte Wirkung erreicht oder vielmehr unterstützt wird, hat man von jeher in der kräftigen und wohlabgewogenen Symmetrie erkannt. Bei der oberen Bilderreihe lehrt das ohnehin der erste Blick; bei der unteren sind vor kurzem die teils offenkundigen, teils geschickt maskierten Wechselbeziehungen in überraschend reicher Fülle nachgewiesen worden[30]). Die Analysen des ersten Kapitels haben nun immer wieder darauf hingewiesen, dass Jan sich der Symmetrie, als eines der wichtigsten Kunstmittel, mit besonderer Vorliebe bedient hat. Wir dürfen also die allgemeine Anlage des Genter Altars nicht zu einem Argument gegen Jans Autorschaft machen; im Gegenteil, sie könnte zu einem Beweise benützt werden, der ihn als Urheber der Anlage darstellen wollte. Dass der Umfang des Genter Altars über die bei Jan üblichen Masse hinausgeht, darf wohl nicht als Gegengrund angeführt werden; denn solche rein äusserlichen Umstände verlieren ihre ohnehin geringe Beweiskraft, wenn sich innere und geistige Gründe ihnen widersetzen. Es sei übrigens hier darauf hingewiesen, dass einerseits die Palamadonna ein recht stattliches Gemälde ist, und dass anderseits die Massverhältnisse des Genter Altars nicht von dem Künstler allein bestimmt waren, sondern sich aus der Natur des Auftrages ergaben. Sie sind also in gar keiner Hinsicht bei der Frage nach dem Autor heranzuziehen.

Die untere Bilderreihe besteht aus einem grossen Mittelbilde mit der Anbetung des Lammes, und aus vier Flügeln mit der Darstellung von Pilgerzügen, die zum heiligen Lamm ziehen.

Das Mittelstück ist mit Recht von den meisten Forschern für Jans eigenhändige Arbeit gehalten worden und zwar wegen der Landschaft. Diese trägt ausgesprochene Reminiscenzen an südliche Gegenden, und man glaubt darum, in ihr vielleicht eine künstlerische Frucht von Jans Reise nach Portugal erblicken zu dürfen. Sehr schwer wiegt das Argument nicht; denn wir können einerseits die Gegend nicht identificieren, anderseits wissen wir nichts über etwaige Reisen Huberts. Wichtiger erscheint es, dass der Aufbau des Bildes Jans Eigenart durchaus entspricht. Es geht zwar alles sehr gut zusammen, aber der Hauptaccent ist auf die eigentliche Handlung, auf das Figürliche gelegt, sodass kein korrektes Verhältnis zwischen den Proportionen der Heiligen und der Landschaft besteht. Ähnliches findet sich noch bei vielen gleichzeitigen und selbst bei späteren Malern. Aber das Massverhältnis der Figuren zu dem Raume wird nur von dem einzigen Jan dazu benutzt, dem Gemälde einen repräsentativen, feierlichen Charakter zu geben. Die vielgerühmte, prächtige Landschaft selbst ist keineswegs mit jener Sachlichkeit und jenem feinen Naturgefühl gemalt, wie gewöhnlich angegeben wird; sie ist vielmehr darauf angelegt, die Bedeutung des Vorgangs noch eindringlicher zu veranschaulichen [31]). Die übrigen altniederländischen religiösen Bilder mit den berühmten, landschaftlichen Hintergründen unterscheiden sich in dieser Hinsicht principiell von dem Genter Altar. Ihnen allen eignet etwas Gemütliches und Freundliches, das dazu dient, uns den überirdischen Vorgang menschlich vertraut zu machen: im Gegensatz zu der beim Genter Altar angestrebten hoheitsvollen Wirkung. Nicht minder nah, aber noch viel offenkundiger ist die Verwandtschaft der Landschaftsentwicklung mit Jans Raumbehandlung. Dass verschiedene Horizonte angebracht sind, mag vielleicht noch nicht so ausschlaggebend sein, wichtig aber ist die raffinierte Kunst, mit der der Meister verstanden hat, die Schwäche seines Raumgefühles zu verbergen. Die Landschaft ist aus einer Reihe sehr fein, aber getrennt ausgearbeiteter Teile zusammengesetzt, die sich so glücklich aneinanderschliessen, dass man sich des losen Zusammenhanges nicht sogleich bewusst wird. Es bedarf einer genauen Nachprüfung, um zu erkennen, dass die scheinbar so naturtreu gemalte Scenerie schlechterdings unmöglich ist. Über einen andern Mangel werden wir jedoch nicht so leicht weggetäuscht. Der Mittelplan geht steil aufwärts; er ist zum Teil noch nach jener naiven Perspektive angelegt, welche hintereinander befindliche Gegenstände übereinander stellt. Der Meister hat nun dieses Ansteigen durch die Hügel im Hintergrunde wenigstens äusserlich zu motivieren gesucht; jedoch bleibt die eigentliche Raumfrage ungelöst. Wenn wir hiemit die Architekturbehandlung des Verlöbnisbildes und der Palamadonna vergleichen, so finden sich nicht nur die Fehler wieder, sondern auch die eminente Geschicklichkeit, mit der sie unschädlich gemacht wurden. Man spürt sie bei den zwei letztgenannten Gemälden vielleicht nicht so sehr, weil die Architektur mehr Gelegenheit gibt, durch zeichnerische Mittel die Täuschung vollständig zu machen; aber die gleiche Raumanschauung waltet doch bei allen dreien ob.

Wie ganz wenig Wert die Landschaft des Genter Altars auf genaue Naturtreue legt, zeigt selbstverständlich vor allem das Colorit. Die Pracht des Grüns wirkt allerdings wundersam, aber sie ist so sehr in das Glänzende gesteigert, dass von Wahrheit keine Rede mehr sein kann; überdies ist sie allzu gleichmässig und streift sogar an Monotonie. Die Wirkungen von Licht und Luft sind nicht beobachtet. Dazu kommt endlich der Umstand, dass das Colorit des Himmels in gar keinen Zusammenhang mit der Ton- und Farbenstimmung der ganzen Scenerie gebracht wurde, was doch ein Hauptprincip der sachlichen Landschaftsmalerei ist. Die Färbung wird gegen die Mitte zu immer heller und reiner, indem sie in abstrakter Weise nur auf den idealen Mittelpunkt des Ganzen, das heilige Lamm, Bezug nimmt. Die Blumen sind freilich mit ausserordentlicher Feinheit und Deutlichkeit gemalt; hierin liegt aber gerade das Primitive dieser Landschaft. Jans Princip, jede Einzelheit selbständig auszubilden, bewährte sich nur bei der Figurenmalerei; bei Landschaften erwies es sich unthunlich.

Alle Vorzüge und Mängel der landschaftlichen Behandlung aber verbinden sich auf das beste mit dem Hauptzwecke, eine prächtige, feierliche Wirkung zu erreichen, und darum finden wir denn auch die Landschaft mit in die Komposition des Gemäldes einbezogen. Nach dem gegebenen Canon musste nämlich die mittlere Partie ringförmig arrangiert werden; denn um das Lamm knieen im weiten Kreise die lobsingenden Engel und in einem zweiten, noch weiteren, die Gruppen der Ältesten, der Apostel u. s. w. Jan nahm das Motiv des doppelten Ringes seiner zusammenhaltenden Kraft wegen gern auf. Da aber die verschiedenen Gruppen allein nicht ausreichend gewesen wären, so hat er die Hügel und Gebüsche der Landschaft dazu verwertet, die Ringe völlig, aber unauffällig zu schliessen.

Die ganze Komposition hat an Leben und Bewegung gewonnen und die fast unausbleibliche Starrheit glücklich vermieden. Ganz das Gleiche gilt für das Verlöbnisbild. Hier wurde das unbehülfliche Motiv der zwei Verticalen, das durch die beiden nebeneinanderstehenden Verlobten gegeben ist, in glücklichster Weise in ein anderes übergeleitet. Jan umschrieb die Gruppe durch eine Ellipse, die oben durch den Kronleuchter, unten durch den reizenden Hund kräftig markiert wird. So vereinigte er auch hier die geschmeidige, zusammenfassende Kraft der Kurve mit dem Ernst, der einer durch einfache Geraden bedingten Komposition gewöhnlich eignet. Bei der Palamadonna haben wir zwar keine so unmittelbare Analogie; aber auch bei ihr wurde der feine Bedacht gerühmt, mit dem Jan aus der an sich steifen Gruppierung eine an inneren und äusseren Harmonien reiche Komposition geschaffen hat.

Nicht unwesentlich dünkt mir die Behandlung der menschlichen Figuren. Der Künstler hatte die Aufgabe, eine unendliche Anzahl Leute der verschiedensten Stände darzustellen, die alle von dem gleichen Gefühle der Verehrung für das Lamm beseelt sind. Die frühere, mittelalterliche Kunst legte nun das Schwergewicht darauf, dass Alle die nämliche fromme Stimmung in derselben Weise zur Schau tragen. Eyck hat die Aufgabe vertieft und erschwert: die Stimmung wird nuanciert nach Geschlecht und Stand, nach Alter und Charakter. Nicht die Tracht allein muss uns sagen, ob wir geistliche oder weltliche Diener des Herrn vor uns haben. Jeder der frommen Pilger trägt vielmehr die Merkmale seines Standes so unverkennbar im Ausdruck des Gesichtes und in der Haltung, dass der lebensgewandte Hofmann und der wohlgenährte, stolze Geistliche, der rauhe, linkische Eremit und der elegante Ritter ohne weiteres zu unterscheiden sind. Man glaubt, typische Vertreter der einzelnen Gesellschaftsklassen vor sich zu haben. Diese Differenzierung aber ist das eigentliche Geheimnis von Jans Kunst; sie entspringt seinem Bedürfnis nach grösstmöglicher Deutlichkeit und, wenn man will, einer Art von Gerechtigkeit, die jedem Wesen sein völliges Recht lässt. Hierin aber liegt auch, wie schon an anderer Stelle gesagt, das Primitive seiner Kunst, die noch etwas Lehrhaftes an sich hat. Er zeigt dem Beschauer: das ist ein Geistlicher, ein Ritter, ein Eremit u. s. w. Man darf in der Schärfe, mit der er sogar nahe Verwandtes trennt, einen Protest erblicken gegen mittelalterliche Verschwommenheit und gegen die sentimentale Gleichgültigkeit für kräftige Wahrheit, die wir z. B. bei der Kölner Schule finden.

Für die Frage nach der Autorschaft muss endlich der Umstand als ganz besonders wichtig hervorgehoben werden, dass es noch Niemand gelungen ist, in der Malweise einen Unterschied gegen Jans gesicherte Werke nachzuweisen. In der That ist sie bis in die feinsten Details der Formengebung, der Schattenführung, der plastischen Wirkung vollkommen identisch mit Jans Handschrift. Vor allem kehren die von ihm gerne angewendeten Farben auch hier wieder. So wird es also dabei bleiben dürfen, dass das Mittelbild und seine mit ihm durchaus identischen Seitentafeln dem Jan in Anlage und Ausführung zuzuschreiben sind.

Was die obere Reihe der Innenseite betrifft, so stehen die Ansichten noch heute auf dem alten Standpunkte, dass die drei Mittelfiguren dem Jan nicht zuzuschreiben seien. Wir betrachten zunächst die Gruppen rechts und links: die orgelspielende Cäcilie und die singenden Engel. Der allgemeine und erste Eindruck spricht für Jans Urheberschaft, die Typen der Engel sind seinem Madonnenideal nahe verwandt, ebenso weist auf ihn der ganze Stil, der irdische Heiterkeit und Geschäftigkeit in eine himmlische, hehre Stimmung und Pracht zu erheben weiss. Die Grundlage ist, wie immer bei Jan van Eyck, in der scharfen Darstellung einer von dem Künstler persönlich gesehenen Situation gegeben, und zwar wird die Schilderung genau auf einen bestimmten Moment eingestellt. Das ist Jans Art von dem Verlöbnisbilde bis zur Brunnenmadonna. Die technische Behandlung stimmt auch zu ihm, und wir haben kein

Recht, hier zu unterscheiden zwischen Jan als dem, der die malerische Durchführung gegeben und zwischen Hubert, der die geistige Auffassung festgesetzt habe. Vielmehr müssen wir sagen, dass, nachdem einerseits von allen Seiten Jans Hand in der äusseren Ausführung erkannt worden ist, und nachdem anderseits die innere Auffassung sich durchaus mit seiner Art deckt, er in allen Beziehungen als der Urheber der Gruppen betrachtet werden darf.

Trotz der stets bewunderten Individualisierung im Ausdruck der einzelnen Köpfe, bleibt eine gewisse Leere und eine nicht gerade erfreuliche Gleichförmigkeit der Typen als peinlicher Rest. Das erscheint nun zwar für Jan etwas fremdartig, aber es lässt sich in der That nachweisen, dass er in bezug auf eine bestimmte Reihe von Motiven erst sehr spät die volle Meisterschaft erlangte: Die Engel sind weiblich. Die Darstellung der Frau, besonders der jungen Frau, ist aber lange Zeit ein Problem gewesen, das über seine Kräfte ging. So meisterlich er ihre Bewegungen und vor allem ihre reiche Gewandung darzustellen wusste, so stand er hinsichtlich des Kopfes noch völlig unter dem Einfluss der vorhergehenden Periode. Beim Verlöbnisbilde haben wir schon gesehen, dass die Figur des Mannes und der Frau gleichermassen ausgezeichnet sind, dass aber die concentrierte Kraft des eigentlichen Porträts sich nur im Antlitz des Mannes ausspricht, während das der Frau merklich leerer und dürftiger ist. Anmut, sogar etwas schematische Anmut, muss hier die individualisierende Kraft ersetzen. Eycks Frauentypus war eben mit Ausschluss seiner allerletzten Zeit noch stark vom mittelalterlichen Conventionalismus beeinflusst. Die Formenleere bei den Köpfen der weiblichen Engel der oberen Reihe des Genter Altars beweist darum nichts gegen ihn.

Es ist immer ein gefährliches Beginnen, die Gedanken erraten zu wollen, die die Künstler während des Schaffens bewegt haben. Die letzten Striche der Vollendung pflegen, eine Art Schleier über all die vielen künstlerischen Sorgen und Kämpfe zu legen, deren Gegenstand gerade die klarsten Meisterwerke gewöhnlich waren. Trotzdem scheint es mir, dass man bei dem Genter Altar eine innere Entwicklung des Künstlers beobachten kann. Die Annahme nämlich, dass Eyck mit den musicierenden Engeln selbst nicht ganz zufrieden war, wird wohl nicht zu keck sein. Es macht mir den Eindruck, dass er, wie das so oft im künstlerischen Schaffen vorkommt, sich während der Ausführung dieser Tafeln völlig von dem Princip befreite, das ihn bis dahin geleitet hatte. Sein Sinn ging darauf, alle Einzelheiten der Erscheinungen zu erkennen. Er wollte den Dingen auf den Grund sehen. Aber bis dahin hat er sich mehr oder weniger im Variiren der ihm geläufigen Typen bewegt. Eben die musicierenden Engel mögen das beste Beispiel hierfür sein. Sie sehen ungemein individuell gebildet aus; in der That wurde jedoch für sie ein allgemeiner, ziemlich schablonenmässig angelegter Typus immer wieder benutzt, nur dass in seinen Rahmen ganz bestimmte, sogar individuelle Züge hineingezeichnet sind, und zwar so ausserordentlich scharf, dass diese Variationen eines Schemas beinahe ein persönliches Leben gewonnen haben. Wenn Jan, wie ich mit Bestimmtheit annehme, die singenden Engel gemalt hat, so befand er sich vermutlich zu dieser Zeit in einer sogenannten Übergangsperiode. Er strebte nach schärfstem Individualismus, besass aber damals nicht die nötigen Mittel, vielleicht auch nicht die nötige Rücksichtslosigkeit, um den lähmenden Erinnerungen an ältere Traditionen für immer zu entsagen. Wenn er ferner wirklich, wie ich glaube, unmittelbar nach den musicierenden Engeln die beiden Gestalten von Adam und Eva geschaffen hat, so mag darin ein Stück Unzufriedenheit mit seiner eigenen Leistung zu erblicken sein. Jedenfalls begegnen wir bei dem ersten Menschenpaar zum ersten Male in der oberen Reihe dem in allen Beziehungen klar ausgesprochenen

Charakter Jans, wie ihn seine seit 1432 entstandenen Werke offenbaren. Die beiden Tafeln gelten jetzt allen Forschern als sein Werk. Das passt nun auch sehr gut zu der bis in das 15. Jahrhundert hineinreichenden Tradition, die einerseits das ganze Werk nur nach den beiden Figuren Adam und Eva benannte, anderseits Jan als den Meister angab. Wenn wir nun auf das Verhältnis dieser beiden Tafeln zu Jans übrigen Werken eingehen wollen, so ergibt sich folgendes: Das beinahe lehrhafte Betonen des organischen Aufbaues, und das Herausarbeiten der konstruktiven Bedeutung jedes einzelnen Organs lassen die wunderbare Detaillirung, die greifbare Plastik und die Rücksicht auf perspektivische Wirkung, die an ihnen so sehr (und mit Recht) gerühmt werden, beinahe als nebensächlich erscheinen. Um all das zu beschreiben, müsste hier nahezu wörtlich das Gleiche gesagt werden, wie von dem Porträt des Timotheus. Nur in einem Punkte zeigt sich diesem gegenüber eine beachtenswerte Verschiedenheit: das Studium des Organismus war bei Adam und Eva Hauptzweck, über den hinaus Eyck keine weitere Absicht mehr verfolgte, beim Timotheus aber erscheint es als Mittel zu dem Zweck individuell belebter Darstellung einer Persönlichkeit. Demnach steht das erste Menschenpaar stilistisch in der Mitte zwischen den musicierenden Engeln und dem ersten datierten Werk, das sicher von Jan allein herrührt. Der Übergang von dem einen zum andern ist aber so logisch und folgerichtig, dass wir hierin wohl die künstlerische Entwicklung eines einzelnen Mannes, nicht aber die zweier aufeinander folgender Generationen zu erblicken haben, von denen die eine durch Hubert, die andere durch Jan repräsentiert wäre. Der Nachweis, dass Jan die Tafeln von Adam und Eva gemalt habe, muss wohl nicht mehr im Einzelnen geführt werden. Es sei jedoch eigens darauf hingewiesen, dass hier, wie bei dem Porträt des Timotheus, die gleiche Freude an möglichst gegenständlicher und inhaltreicher

Darstellung herrscht. Das für Eyck so charakteristische Dreiviertelsprofil ist für die ganze Gestalt durchgeführt. Hier wie dort hat den Künstler der Wunsch geleitet, eine Stellung zu finden, die möglichst viel vom Körper sehen lässt. Interessant ist ferner der Vergleich mit der Stimmung des Verlöbnisbildes. Hier wie dort ist der geistige Affekt auf ein stilles Sinnen beschränkt. Schweigende Beschaulichkeit herrscht in beiden Tafeln, und wer sie genauer unter sich vergleicht, wird überraschende Ähnlichkeiten finden zwischen Adam und Arnolfini sowohl, wie besonders zwischen Eva und der eben vermählten Jeanne de Chenany.

Diese auffallende Ruhe feierlicher Stimmung entstammt aber keineswegs einem Mangel an Sinn für lebhafte innere und äussere Bewegungen; denn die Lunetten über den beiden Figuren sind von grosser Drastik. Sie stellen das Opfer und den Tod Abels dar. Besonders fein ist die Charakteristik des Kain bei der Opferscene. Das wilde, boshafte Misstrauen, das dem Wutanfall unmittelbar vorangeht und ihn bereits ankündigt, darf als ein psychologisches Meisterstück gelten. Eben so drastisch hat Eyck die Todesangst des durch einen Schlag zu Boden gestreckten Abel dargestellt, über dem Kain mit rasch zugreifender Geberde kniet. Das Bewegungsmotiv des Kampfes könnte allerdings viel dramatischer gegeben sein; aber innerhalb der von Eyck gewählten Auffassung herrscht völlige Freiheit und Lebendigkeit. Diese kleinen Figürchen sind bis jetzt so gut wie nicht zur Erkenntnis von Eycks Stil herangezogen worden. Es ist darum nicht überflüssig, zu sagen, dass sie einerseits in der beinahe gedrechselten Rundung und überhaupt in der technischen Behandlung sich durchaus mit den ähnlichen Figuren an den Thronen der sicher von Jan herrührenden Madonnen decken, z. B. mit denen der Palamadonna, anderseits sich geistig d. h. in der Lebhaftigkeit nahe berühren mit den Figuren des Hintergrundes auf der Vorzeichnung zur heiligen Barbara. Auch von dieser

Seite betrachtet, erweisen sich die beiden Flügel als Werk des Jan. Somit ist die ganze obere Reihe mit Ausnahme der drei mittleren Figuren ihm zuzuschreiben. Was aber diese drei betrifft, so kann im gegenwärtigen Zustande der von Schmutz und Staub bedeckten Bilder, deren gründliche Besichtigung ohnedies ziemlich schwer ist, ein abschliessendes Urteil nicht gegeben werden. Nur das Eine darf gesagt werden, dass soweit die Malerei noch erkannt werden kann, sie höchstwahrscheinlich von Jan herrührt. Es fällt zwar das tiefe Eingraben der Umrisslinien, das mit einem scharfen Instrument bewerkstelligt zu sein scheint, und die beinahe bildhauerische Behandlung des Hintergrundes, der weniger gemalt als plastisch gearbeitet ist, einigermaassen auf; der übrige Teil der Ausführung deckt sich jedoch mit Jans Malweise vollkommen.

Stilkritisch ist den drei Figuren auch nicht gut beizukommen; denn, wenn schon Johannes einen plumpen, schwerfälligen Eindruck macht, wenn die Mutter Gottes genau genommen nur eine kolossale und überreich ausgestattete Puppe ist, wenn endlich Christus gar zu starr und recht eigentlich erkältend wirkt, so dürfen diese Momente nicht gegen Jan angeführt werden. Bei einem Jugendwerk ist ja einiger Mangel an Gelenkigkeit an sich erklärlich und er wird um so erklärlicher, als der Maler mit grossen, ihm jedenfalls ungewohnten Dimensionen zu rechnen hatte. In Faltenwurf, Körperbildung, Arrangement und Typenwahl spricht nichts gegen Jan. Ich wage aber kein festes Urteil abzugeben; es scheint mir jedoch, dass die drei oberen, früher so viel gerühmten Figuren, die wenigst glücklichen des ganzen Altarwerkes sind. Vielleicht können sie als die von Jan zuerst ausgeführten Tafeln angesetzt werden; vielleicht sind sie aber doch von Hubert angelegt. Bei der Untersuchung dieser Frage dürfte man natürlich nicht mehr die alte Phrase von der tiefsinnigen Auffassung wiederholen; denn wir haben ja oben gesehen, dass der geistige Inhalt der Komposition, ob diese nun von Hubert herrührt oder nicht, jedenfalls nicht als sein Eigentum angesetzt werden und zur Beurteilung der drei Mittelfiguren also nicht beigezogen werden darf.

Wenn wir uns auf eine Chronologie innerhalb des Genter Altars überhaupt einlassen dürfen, so mögen nach den drei Mittelbildern der oberen Reihe sämtliche grossfigurige Tafeln der Aussen- u n d der Innenseite gekommen sein, jedoch derart, dass Adam und Eva, auch zeitlich, die beiden letzten sind; hierauf mag erst die untere Reihe der Innenseite fertig gestellt worden sein. Vielleicht sind wirklich diese letztgenannten Tafeln, sowie die von Adam und Eva, erst nach Jans spanischer Reise entstanden, wie das wegen der Kenntnis der südlichen Natur von der eigentlichen Anbetung des Lammes gewöhnlich angenommen wird. Das würde dann bedeuten, dass sie — Adam und Eva, sowie die untere Reihe — zeitlich recht weit von den anderen Tafeln getrennt wären. Der Fortschritt in der Anschauung, die grössere Schärfe des Unterschiedes gegen die eigentliche mittelalterliche Auffassung wären damit zu erklären. Zu dieser Datierung passt auch der Umstand, dass erstens Adam und Eva in der ganzen Formanschauung so unmittelbar nahe mit dem 1432 gemalten Porträt des Timotheus verwandt sind, wie mit keinem anderen Werke Jans, zweitens, dass die Malweise auf der unteren Reihe der Innenseite ebenfalls dem Timotheus und dem 1434 gemalten Verlöbnisbilde ganz besonders nahe steht. Wenn aber die eben gegebene Datierung im Wesentlichen richtig sein sollte, so müssten sämtliche Aussenbilder, die ja auch grossfigurig sind, vor Adam und Eva entstanden sein. Dieses widerspricht nun freilich einer nüchternen Erwägung, weil man eher glauben möchte, dass die Aussenflügel erst am Schlusse des ganzen Werkes entstanden sind. Der Wert solcher allgemeiner Erwägungen ist jedoch ziemlich fragwürdig. Wir wissen eben zu wenig von der Entstehungsgeschichte des Genter Altars.

Auf den Aussenflügeln ist in der oberen Reihe die Verkündigung auf vier Tafeln dargestellt, von denen die zwei äusseren sich in Berlin, die zwei inneren sich in Brüssel befinden. Sie schliessen sich in Stil und Ausführung völlig an das an, was wir für Jan van Eycks Kunst halten müssen. Die Belebung des Interieurs durch Metallbecken, der Ausblick auf die Strassen von Gent, die Behandlung der Architektur, des Lichtes und des Helldunkels passen durchaus zu Jans gesicherten Werken. Es ist noch vor kurzem der Versuch gemacht worden, aus mancherlei ganz nebensächlichen Indizien darzuthun, dass zwei verschiedene Meister an den Tafeln gearbeitet hätten. Die Beweisführung steht zwar auf schwachen Füssen; weil aber der Essai, in dem sie veröffentlicht wurde, geeignet ist, eine beklagenswerte Verwirrung in die Eyck-Frage zu tragen, so sei hier auf ihn eingegangen. Seeck schreibt in den Jahrbüchern der preussischen Kunstsammlungen: „Vergleicht man die Architektur dieser beiden Tafelpaare, so wird man finden, dass die Berliner Teile zwar wohl zu einander, aber nicht zu den Brüsseler passen. Zur Seite der Madonna wie des Engels sieht man nach der Mitte zu je ein Fenster, dessen eine Hälfte beide Male durch den Rahmen abgeschnitten ist. Wer diese Tafeln malte, kann sich dazwischen nur den Mauerpfeiler gedacht haben, der die Lichtöffnungen voneinander schied; vermutlich beabsichtigte er ihn durch das Bett der Jungfrau auszufüllen, das ja auf sehr vielen Verkündigungsgemälden im Hintergrunde sichtbar ist. Statt dessen enthält das eine Brüsseler Fragment noch ein drittes Fenster, und zwar ist dieses so nahe an das neben dem Engel befindliche herangerückt, dass für den fehlenden Teil desselben, selbst wenn man den Raum des trennenden Rahmens mit inbetracht zieht, gar kein Platz mehr übrig bleibt.“ Hieraus wird dann in gar zu scharfsinniger Weise deduciert, dass gar kein Zweifel obwalten könne, dass verschiedene Künstler an den Tafeln gearbeitet haben. Es gelingt Seeck sogar, auf Grund ähnlich begründeter Schlüsse, ganz genau innerhalb selbst der einzelnen Tafeln den Anteil nachzuweisen, den jeder der Brüder an ihnen gehabt hat. So leicht darf man sich die Sache doch nicht machen. Es scheint mir, dass Seecks sehr gewagte Schlüsse so gut wie keine Beweiskraft haben; denn es ist nicht zu glauben, dass Jan diese offenkundigen Abweichungen in der Anlage der Architektur nicht selbst bemerkt hat und dass er sie nicht selbst beseitigt hätte, falls sie auch nur im mindesten störend gewesen wären. Selbst diejenigen, die annehmen, dass Hubert den besten Teil des grossen Werkes geschaffen habe, geben ja gerne zu, dass Jan sich ganz unübertrefflich geschickt in die verborgensten Intentionen seines Bruders gefügt habe. Nun soll er solch ein Missverhältnis ahnungslos übersehen haben! Der Grund, warum diese Tafeln nicht durchaus zueinander passen, liegt wohl darin, dass dem Maler noch ersichtlich die gotische Skulptur als Muster gedient hat oder vielmehr in dieser Beziehung sein Feingefühl abgestumpft hatte. Wir brauchen nur an die vielen Verkündigungen in den alten Kathedralen zu denken, deren verschiedene Figuren selbständig und getrennt, an verschiedenen Pfeilern angebracht sind, und wir begreifen, warum Eyck sich nicht scheute, die Scene so zu zerreissen. Wie die Imitationen der Steinfiguren und die in Nischen gestellten Stifterbildnisse der unteren Aussenseite beweisen, hat er ja bewusst mit dem Eindruck von geschnitzten Altären konkurrieren wollen. Es ist darum nichts besonderes darin zu sehen, dass er auch in der oberen Reihe sich an das Vorbild der Plastik gehalten hat. Diese Rücksicht zwang ihn sogar, auf Einheitlichkeit in der Schilderung des Wohnzimmers zu verzichten.

Zu den schwierigsten Fragen, die der Genter Altar aufwirft, gehört die der Stifterbildnisse. Sie sind hochberühmt und gelten — jedoch wohl nicht gerade mit Recht — als die besten Porträts der altniederländischen Schule. Sie stellen den Jodocus Vydt und dessen Gattin Isabella dar. Diese knieen und heben ihre Hände zum Gebet empor. Gotische Bögen sind in Nischenform um sie herumgeführt. In der That sind aber diese Bögen so niedrig, dass die Stifter sich unmöglich erheben könnten. Die Architektur ist lediglich Ornament. Obwohl ein eigentliches Raumverhältnis nicht präzisiert wird, besteht jedoch die Plastik der beiden Personen als die am meisten ins Auge fallende Eigenschaft zu Recht.

Es entsteht nun die Frage, wer diese Porträts gemalt hat. Das Arrangement im Dreiviertelsprofil deckt sich mit dem des Canonicus Pala. Die Hände des Mannes weisen einerseits zwingend auf den Meister der Brüsseler Tafeln von Adam und Eva, anderseits sind die Beziehungen der Frau zu dem Bildnis von Arnolfinis Gattin unverkennbar. Die Handschrift verrät sich dem Kenner von Jans Technik in allen Einzelheiten als sein Werk. Trotzdem ist etwas Fremdartiges an den Stifterbildnissen nicht zu übersehen.

Bei der Frau Isabella kann man darauf weniger Wert legen, weil sie trotz aller Schärfe nicht sehr individuell gestaltet ist. Wir haben ja gesehen, dass Jan beim Porträt junger Frauen nicht von dem mittelalterlichen Ideal schöner, jugendlicher Weiblichkeit, dem Madonnentypus, losgekommen ist. Die bejahrte Stifterin des Genter Altars ist desgleichen wesentlich beeinflusst von dem Typus der alten Frau, wie ihn die mittelalterliche Kunst in der Figur der Elisabeth des neuen Testamentes ausgebildet hatte. Das Porträt der Stifterin hat man stets überschätzt; es ist nicht schlechter, aber auch nicht besser, als das genau genommen charakterlose Bildnis von Arnolfinis Frau; nur liegt ihm der ziemlich eckige Typus der hl. Elisabeth zu Grunde.

Beim Stifter haben wir dagegen freies Feld. Die Absicht individueller Durchführung ist fraglos. Man hat nun aus dem Umstande, dass selbst so zufällige Äusserlichkeiten, wie die Warzen, wiedergegeben sind, auf höchste Naturwahrheit geschlossen. Dieses günstige Urteil hat keine triftige Begründung. Der Kopf ist nicht in derselben Weise plastisch, wie z. B. der des Timotheus oder des Pala, wo die Modellierung jede Hebung und Senkung genau verzeichnet. Er ist fast gleichmässig ausgerundet. Die Äusserlichkeiten, wie die berühmten Warzen, sind nicht ohne Absichtlichkeit hingesetzt. Das ist ein primitiver Zug. Jede Kunst, die sich ihrer Kraft noch nicht ganz bewusst ist, greift nach solchen äusseren Merkmalen. Das Kennzeichen der Primitiven ist die — fast möchte ich sagen — laienhafte Deutlichkeit. Der Maler dieser Porträts hat den Freunden seines Auftraggebers an den auffallenden, aber doch nebensächlichen Zügen gezeigt, dass er ihn wirklich gut getroffen habe. Im übrigen offenbart sich dem, der das Bild genauer untersucht, eine für Jan ungewöhnliche Leere. Ich wünsche nicht missverstanden zu werden: die Stifterbildnisse sind sehr gut, sie sind nur nicht so hervorragend gut, wie man gewöhnlich sagt. Es hat mir den Eindruck gemacht, als sei eine zweite Hand an ihnen beschäftigt gewesen, deren Arbeit Jan dann, so gut oder so schlecht es ging, zugedeckt hat. Vielleicht rührt die erste Anlage doch von Hubert her. Aber man mag Huberts Anteil in der Conception und Vorzeichnung zugeben; in dem koloristischen Teil, d. h. in der letzten Ausführung ist Jans Hand unverkennbar. Wenn Hubert wirklich an den Stifterbildnissen beteiligt ist, so muss Jan vieles geändert und übergangen haben. Die Möglichkeit, dass Jan den Jodocus Vydt und dessen Frau gemalt habe, ist zeitlich gegeben. Elisabetha Borluut starb nämlich als kinderlose Witwe im Jahre 1443. Jodocus Vydt ist aber mit allergrösster Wahrscheinlichkeit identisch mit jenem Jodocus Vydt, der in Gent zwischen 1396 und 1434 wiederholt die höchsten städtischen Ämter inne hatte.

Wenn ich nun meine Anschauung über den Genter Altar kurz zusammenfassen darf, so komme ich auf Grund der Tradition und der oben ausgeführten Beobachtungen zu dem Schlusse, dass Jan die Hauptarbeit geleistet hat und dass selbst in den Fällen, wo Hubert einzelne Tafeln angelegt hat, Jan nachträglich Alles überging. Ich nehme die Inschrift zwar als wahrheitsgetreu an, betrachte aber Jan, der Huberts Spuren verdeckte, als denjenigen, der für uns als der Meister des Altares gelten muss.

Drittes Kapitel.

Die unbezeichneten, echten Bilder.

In der kaiserlichen Gemäldegalerie zu Petersburg befindet sich eine hochberühmte Verkündigung altniederländischen Stiles. Sie bildet offenbar den Teil eines verstümmelten oder nicht fertig gestellten Ganzen und war höchstwahrscheinlich der linke Flügel eines Triptychons.

Die Scene geht in einer Kirchenhalle vor sich, die dem Übergang aus dem romanischen in den gotischen Stil angehört. Der Engel naht sich in holder, fast verlegener Bescheidenheit der betenden Maria, die vom Betpulte den Blick in reinem Gottvertrauen gegen den Himmel wendet. Durch ein Seitenfenster fallen steil von oben die glänzenden Strahlen ein, auf denen die heilige Taube zur Jungfrau herniederschwebt. Die hohe Altertümlichkeit der strengen, feierlichen Auffassung weist das Bild in den Anfang des 15. Jahrhunderts; die Typen und Gesten deuten auf Jan van Eyck. Die prachtvolle Farbe aber lässt keinen Zweifel zu, dass uns in der Verkündigung ein Orginalwerk seiner Hand erhalten ist. So viel harmonische Schönheit und frische Kühnheit findet sich nur bei ihm; abgesehen davon wiederholt sich die Färbung und Drapierung des roten Brokatgewandes bei den Engeln des Genter Altars in so völlig gleicher Weise, dass hieraus allein schon der sichere Schluss auf Eigenhändigkeit der Ausführung durch Jan zu ziehen ist. Trotz vieler Unbilden durch ungeschickte Retouchen, durch Nachdunkelung, die besonders den beinahe unkenntlich gewordenen oberen Teil des Bildes entstellt hat, behält das Colorit auch unter einer unerfreulichen Schmutzschichte noch ungemein viel von der ursprünglichen, strahlenden Schönheit. Noch immer ist mit kräftiger Sattheit ein zarter, überaus liebenswürdiger Reiz verbunden. Es bedarf durchaus nicht der trügerischen Einbildungskraft des Enthusiasten, um die Farbe als köstlich zu empfinden. Ihr Wert beruht übrigens nicht, wie bei den meisten altniederländischen Gemälden, vorzugsweise auf der Vortrefflichkeit des Materials an sich, das selbst den Arbeiten so schwach begabter Maler, wie Petrus Cristus, mitunter zu einer nicht unverächtlichen Feinheit der Wirkung verhilft: sondern vielmehr auf der bewussten Kunst, mit der Eyck das Material zu behandeln wusste. Bei ihm findet sich weder die konventionelle Pracht des Colorits von Dirk Bouts, noch das starre, fast zur Buntheit führende Nebeneinanderstellen der Farben, wie bei Roger van der Weyden. Eycks Colorit beruht auf der Kunst des Ineinanderstimmens, die kein nordischer Maler des 15. Jahrhunderts auch nur annähernd so beherrscht hat. Er hat es verstanden, selbst widerstrebende Farben durch einen, dem ganzen Bilde gemeinsamen, Hauptton unter sich zu verbinden, obwohl er die Lokalfarben unvermittelt nebeneinander setzte. Besonders bei den religiösen Gemälden hat er diese seine eminente Feinfühligkeit und Herrschaft über die Farbe aufs glänzendste bewährt. Das führt nun allerdings sehr gern zu einiger Unwahrheit im Colorit und in der That stehen auch Eycks religiöse Gemälde — mit Ausnahme der allerletzten — an Schärfe und Grossartigkeit der Naturtreue seinen Porträts einigermassen nach. Dafür aber entschädigen sie durch eine hohe Schönheit. In dieser Hinsicht scheint mir die Figur des Engels besonders bezeichnend für ihn zu sein. Das rote, reich mit Gold gestickte Brokatgewand müsste grell wirken, zumal es dem feinen Blau der Maria entgegengesetzt ist, aber Eyck hat es so ganz in den schwärzlichgrünen, dämmerigen Ton getaucht, der das Bild überhaupt beherrscht, dass sich alle Gegensätze wunderbar auflösen. Es sei nebenbei bemerkt, dass eben dieser schwer zu bestimmende Ton ein besonderes Merkmal von Eycks Technik ist. Er findet sich im Wesen, wenn auch je nach den Verhältnissen anders nuanciert, bei allen Gemälden, wo Jan das Innere von Kirchen oder hohen Hallen darzustellen hatte. Charakteristisch ist dabei der dünne, aber feste und glatte Auftrag.

Leider gibt es gar keine äusseren Anhaltspunkte, die Verkündigung zu datieren. Wenn aus allgemeinen Empfindungen heraus ein Urteil erlaubt ist, so möchte ich sie vor 1432 setzen und zwar noch vor die Fahrt nach Portugal, die Jan im Jahre 1428 angetreten hatte. Hierzu bestimmt mich zunächst die Raumbehandlung. Sie zeigt den üblichen Fehler Eycks. Es sind wieder mehrere Augenpunkte angenommen und die einzelnen Pläne sind beinahe äusserlich aneinandergefügt, wie das schon beim Genter Altar und sonst konstatirt worden ist. Aber es fehlt noch die raffinierte Gewandtheit, die bei den späteren Werken den Fehler so geschickt zu verdecken wusste. Weiterhin ist die starke Abhängigkeit von der Überlieferung auffällig; nicht einmal der Genter Altar macht einen so altertümlichen Eindruck; kurz der ganze künstlerische Habitus weist trotz der seltenen Meisterschaft und Schönheit des Bildes in eine frühere Epoche hin.

Es mag damit zusammenhängen, dass Bode die Verkündigung dem Hubert zuschrieb, das heisst sie vor 1426 setzte. An Hubert zu denken ist nun allerdings nicht nötig und beim Betrachten der Einzelheiten auch nicht möglich; so sind z. B. die Hände Mariae auch noch in ihrem gegenwärtigen Zustande schlechter Erhaltung ein würdiges Seitenstück zu dem prachtvollen Händepaar auf Arnolfinis Verlöbnisbild und zeigen, dass beide Bilder von dem gleichen Maler herrühren. Aber, wenn schon Hubert nicht als der Urheber der Petersburger Verkündigung angesehen werden muss, so hat doch die frühe Datierung ihre volle Berechtigung. Endlich scheinen sich aus der freilich sehr dunkeln und unsicheren Geschichte des Bildes einige Anhaltspunkte zu ergeben, die recht wohl zu dem Schlusse passen, dass die Verkündigung noch vor dem Genter Altar entstanden sei. Sie soll nämlich aus Dijon stammen. Wir wissen ferner, dass Eyck in seiner Jugend längere Zeit im heutigen Frankreich zubrachte[39]). Da aber Dijon die alte Residenz der burgundischen Herzöge, seiner Dienstherren, gewesen ist, so mag er auch dahin gekommen sein; freilich kann sein Aufenthalt in dieser Stadt nicht urkundlich belegt werden. Die Verkündigung könnte wohl dort entstanden sein, was damit übereinstimmen würde, dass die Arbeit sehr früh zu sein scheint. Jedoch fehlt uns jede sichere Nachricht und ich gebe meine Ansicht als Hypothese, ohne weitere Schlüsse aus ihr zu ziehen.

Im Salon carré des Louvre hängt die Madonna des Kanzlers Nicolaus Rollin. Sie ist mit Recht von jeher für ein nicht anfechtbares Werk des Jan van Eyck gehalten worden, obwohl sie nicht oder nicht mehr bezeichnet ist.

In einer geräumigen, romanischen Halle kniet links der Kanzler im braunen, reich verzierten Leibrock vor einem Betpult und blickt in aufmerksamer Andacht nach rechts hinüber zur Jungfrau und zu dem göttlichen Kinde, das ihn mit der feierlich erhobenen Rechten segnet. Eine offene Vorhalle mit schönen, romanischen Arkaden gewährt lustigen Ausblick auf den gut gepflegten Burggarten und, über dessen Brüstung hinweg, auf eine alte gotische, zu beiden Seiten eines Flusses gelegene Stadt. Hügel steigen rechts und links als kräftige Einfassung des Stromthales empor, das sich weit nach hinten zieht, um in blauer Ferne sich zwischen mächtigen Bergen zu verlieren. Mit dieser Schilderung der Landschaft hat Eyck sich jedoch nicht genug gethan. Im Burggarten hüpfen kleine Vögel im Sonnenschein, und stolze Pfauen stehen majestätisch zwischen den Oeffnungen der Zinnen. Zwei Männer schauen über die Brüstung neugierig hinunter auf den Fluss, der mit Kähnen reich befahren und von einer Brücke überspannt, einem unendlichen Gewimmel geschäftiger Menschlein Platz gibt. Das rastlose Treiben setzt sich in der Stadt fort. Wir sehen die Kirchgänger auf den Strassen und die Bummler auf den weiten Plätzen: vor uns ist nicht etwa ein sogenanntes stimmungsvolles Landschaftsbild aufgerollt, sondern die ganze Natur mit ihrem Reichtum an Formen und an Leben ist in den kleinen Kreis gebannt. Schon die Beschreibung zeigt den Zusammenhang mit Jan, dem Meister der heiligen Barbara von Antwerpen. Das lehrt uns denn auch die genauere Vergleichung mit seinen authentischen Gemälden. Wir finden die Architekturbehandlung mit den reliefierten romanischen Säulenkapitälen und dem schwärzlichgrünen Helldunkel, sowie das Christuskind der Palamadonna, die äusserst sorgsame Durchbildung des Details vom Verlöbnisbild, endlich kehren wohlbekannte Äusserlichkeiten wieder, z. B. der breite Handrücken der Madonna und der säbelförmige Daumen, die langgestreckten, schrägen Falten der Gewänder, die blitzenden Schmuckstücke, das täuschend gemalte Gebetbuch. Wichtiger aber noch als all dies ist der wohlbekannte klare Glanz der Farbe, die Festigkeit der Zeichnung und endlich die feierliche, grosse Wirkung des an sich doch nicht gerade umfangreichen, wenn auch keineswegs kleinen Bildes (67 : 62 cm). Jede Kleinigkeit sowohl, wie die ganze Auffassung spricht deutlich für Jan. In welcher Zeit er aber die Madonna des Kanzlers Rollin gemalt habe, bleibt noch zu untersuchen.

Schon Crowe-Springer hat flüchtig die Vermutung ausgesprochen, die Rollin-Madonna möchte eine frühe

Arbeit sein [40]. Kämmerer aber, in seiner Monographie über die beiden Eyck, glaubt sie gegen 1436 datieren zu dürfen, während er früher in seiner Geschichte der Landschaftsmalerei sich Springers Ansicht angeschlossen hatte. Dem aufmerksamen Studium der Komposition enthüllt sich nun, ungeachtet aller Grösse, eine auch bei Jan seltene Altertümlichkeit der beinahe konventionellen Auffassung. Dazu kommt eine nicht unbeträchtliche Steifheit der Anordnung, die vermutlich noch im direkten Zusammenhang mit den Vorbildern für die älteste Tafelmalerei, mit den geschnitzten Holzaltären, steht. Die Komposition bewegt sich der Hauptsache nach in lauter festen Vertikalen, im Gegensatz zu Eycks späterer Zeit, wo den lebhafteren Bewegungsmotiven schon viel mehr Platz eingeräumt wird. Der Vergleich mit den letzten Arbeiten Jans oder gar mit den Spätwerken Rogers und des Dirk Bouts zeigt deutlich, wie starr gebunden und unfrei die Rollin-Madonna noch ist. Sie muss daher im Gesamtwerke Jans und jedenfalls unter den altniederländischen Gemälden an eine besonders frühe Stelle gesetzt werden. Am nächsten steht ihr die Petersburger Verkündigung. Es ist nun auffallend, dass die Geschichte dieser beiden Bilder uns nach dem französischen Burgund führt. Die Rollin-Madonna stammt nach zuverlässiger Tradition aus Autun, wo Rollin begütert war, und wo bis auf den heutigen Tag sein Andenken durch seine grossartigen Stiftungen wach gehalten wird. Autun aber liegt nahe bei Dijon, woher die Petersburger Verkündigung stammen soll. Eycks Aufenthalt in Frankreich fällt vor seine grosse Reise. Wenn nun die beiden Bilder wirklich in Dijon entstanden sind, so werden sie auch wohl vor der Beendigung des Genter Altars gemalt worden sein. Da Eyck erst 1425 in burgundischen Dienst getreten ist, so würden sie kaum früher entstanden sein und dürften zwischen 1425 und 1428 angesetzt werden; zwischen 1428 und 1432 hatte er schwerlich Zeit für sie.

Es kommt noch ein weiteres Moment dieser Annahme zu Hilfe: das Alter des Kanzlers, das sich aus seinen beiden Porträts und aus seinem Geburtsjahr mit einiger Zuverlässigkeit bestimmen lässt. In Beaune ist auf dem schönen, grossen Altarwerke des Roger van der Weyden, in dem ebenfalls von Rollin gestifteten, prächtigen Hospital, ein beinahe lebensgrosses Bildnis des Kanzlers erhalten. Seine Züge sind unverkennbar die gleichen, wie auf dem Eyckschen Porträt. Stirn, Nase, Mund und Ohr stimmen völlig überein, sogar die alte Energie leuchtet noch aus dem doch sonst so welken Antlitz des Greises auf. Er war damals gegen 70 Jahre alt; denn das Beauner Porträt ist gegen 1446 gemalt[41]), Rollin aber 1376 geboren. Der Vergleich mit dem Pariser Bild zeigt, dass Rollin, als er dem Eyck sass, ungefähr 20 Jahre jünger gewesen ist. Das volle, feste Fleisch, der kräftige Hals, die frische Farbe, vor allem aber die straffe Energie deuten auf eine wesentlich frühere Zeit, als 1446. Auf der Louvremadonna trägt er die Züge eines noch nicht alten Mannes, auf dessen Antlitz allerdings schwere, geistige Arbeit und viele Sorgen ihre deutlichen Spuren zurückgelassen haben. Diese lassen ihn wohl etwas älter erscheinen, als er wirklich ist, immerhin kann man ihn nicht gut auf mehr als 50 Jahre schätzen, und das passt durchaus zu dem Resultat des Vergleiches mit dem Beauner Bild. Wenn nun Rollin auf der Louvremadonna wirklich höchstens 50 Jahre alt ist, so musste das Bild spätestens 1426 gemalt sein. Die gleiche Jahreszahl aber erhalten wir, wenn wir bedenken, dass auf Eycks Bilde Rollin um 20 Jahre jünger aussieht als auf dem gegen 1446 entstandenen Altare Rogers.

Oben wurde schon darauf hingewiesen, dass die Komposition des Bildes so altertümlich und befangen ist. Ähnliches muss vom Porträt selbst gesagt werden. Trotz der grossartigen Conception mangelt ihm jene frische Beredsamkeit und organische Klarheit, die schon den

Timotheus und überhaupt die nach dem Genter Altar entstandenen Porträts Jans auszeichnet.

So fest und sicher die einzelnen Teile gebildet sind, z. B. die prachtvolle Stirne oder die kräftigen Schultern, so fehlt doch jenes Betonen des konstruktiven Zusammenhanges und jene äusserste Einfachheit, die wir als Characteristicum des reifen Eyck erkannt haben. Da das Bild mit ausserordentlichem Fleisse ausgeführt ist, kann Flüchtigkeit der Arbeit nicht als Grund für diesen Mangel angesehen werden, und da es ferner nicht gar klein ist, so dürfen wir annehmen, dass Eyck hier nur deswegen weniger Hervorragendes geleistet hat, weil er eben damals seine volle Meisterschaft noch nicht erreicht hatte. Gerade das Porträt des Kanzlers scheint mir dafür zu sprechen, dass die Rollin-Madonna ein Jugendwerk Jans ist. Dass dieser schon geraume Zeit vor Fertigstellung des Genter Altars als Porträtist sehr angesehen war, beweist übrigens der Auftrag, die portugiesische Prinzessin für seinen Herrn zu malen (1428). Dass er aber schon vor 1425 im Porträt seine volle Selbständigkeit gefunden hatte, zeigt die im Berliner Museum befindliche Kopie des von ihm gemalten Bildnisses der 1425 verstorbenen Bonne d'Artois.

Für die Datierung der unbezeichneten Werke Jans ist seine Raumbehandlung von grösster Wichtigkeit, und darum ist es von hohem Wert, dass die Rollin-Madonna mit ihrer reichen Architektur so weit an den Anfang seiner Thätigkeit gesetzt werden kann. Wir haben schon früher gesehen, dass Jan keine Rücksicht darauf genommen hat, ob die Figuren ihrer Grösse nach in den betreffenden Raum passen oder nicht. Auf der Berliner Verkündigung wäre es der heiligen Jungfrau unmöglich, in ihrem Zimmer aufrecht zu stehen, und die beiden Stifterfiguren haben gezeigt, dass für Jan die Nischen, in denen sie knieen, nur gemalte Einfassungen waren, die mehr eine hübsche Ornamentenleiste bilden, als dem Beschauer die thatsächliche Vorstellung einer Nische geben sollen. In erhöhtem Massstab wiederholt sich das bei der Rollin-Madonna. Die ganze, schöne Architektur ist nur Koulisse. Man empfindet dabei den an sich recht misslichen Umstand, dass Rollin trotz der beträchtlichen Höhe der Halle nicht aufstehen könnte, immerhin noch weniger schmerzlich, als den, dass man überhaupt keine Vorstellung von dem freien Raum bekommt, in dem er und die Madonna sich befinden. Man darf sogar sagen, dass eine klare Raumillusion, wie sie z. B. die Architekturmaler des 17. Jahrhunderts gaben, nicht vorhanden ist. Die Zeichnung und der zeichnerische Aufriss der Architektur an sich ist sehr sauber und erfreulich durchgeführt, das Helldunkel ist, wenn auch oberflächlich, aber immerhin beobachtet; jedoch einen klar nach allen Seiten vertieften Raum schliessen diese Wände nicht ein, wenigstens nicht denjenigen, in dem Rollin und die Madonna sich bewegen könnten, selbst wenn die Grössenverhältnisse richtig beobachtet wären. Ein gutes Architekturbild übt auf den Beschauer eine Art einladender Wirkung aus, so dass er in Gedanken den dargestellten Raum betritt. Das ist bei der Rollinmadonna nicht der Fall. Der Blick gleitet immer wieder von dem Kanzler ab und schweift durch die schönen Bogenfenster hinunter in die herrliche Landschaft. Je länger man das Bild in dieser Hinsicht studiert, auf desto mehr Unzulänglichkeiten stösst man: Jan hat offenbar die einzelnen Figuren getrennt empfunden und ausgeführt; um sie herum hat er eine Architektur gelegt, die zwar auf den ersten Blick besticht, aber doch nur Scheinarchitektur ist.

Das Städelsche Institut besitzt in der sogenannten Madonna von Lucca ein schönes, echtes, wenn auch unbezeichnetes Werk von Jans eigener Hand. Unter dem reichen Baldachin sitzt auf einfachem, schwerem Throne im traulich gotischen Gemach die Madonna, ihr Kind stillend. Von links fällt durch die Butzenscheiben ein sparsames Licht, das aber genügend stark ist, die blitzenden Metallstücke am Thron und in der Wandnische hell aufglänzen zu lassen. Der dünne Farbenauftrag des Hintergrundes, das schwärzlichgrüne Helldunkel, die kräftige Farbenpracht des Teppichs, die plastische Modellierung, die klare Zeichnung, die Behandlung der Metallstücke und das tiefe Purpurrot des Mantels weisen ebenso sehr auf eigenhändige Ausführung durch Jan hin, wie uns der Typus des Kindes und der Madonna im Allgemeinen in den bekannten Vorstellungskreis des Künstlers versetzt. Welcher Zeit aber das schöne Bild angehört, lässt sich durch das Arrangement einigermassen feststellen. Nach der Palamadonna wird es kaum entstanden sein; denn die Anordnung ist noch sehr streng. Die heilige Jungfrau nimmt gerade die Mitte ein; die beiden Hälften der Tafel entsprechen sich mathematisch genau, so dass z. B. der untere Löwe auf der rechten Armlehne des Thrones so weit vom rechten Bildrand absteht, wie sein Gegenstück vom linken. Man möchte glauben, dass Eyck mit dem Meterstab die Massverhältnisse ausgemessen habe. Darum geht es nicht an, eine spätere Zeit als 1436 zu nennen, wo die Palamadonna fertiggestellt worden ist, und die Periode der völligen Freiheit und bewegteren Anordnung begonnen hat. Zu den Figuren des Genter Altars aber passt die Erscheinung der Jungfrau nicht; denn sie ist ein vollerblühtes Weib, natürlicher und menschlicher, weniger typisch aufgefasst, als die weiblichen Heiligen und Engel auf dem grossen Hauptwerk seiner Jugend. Auch ist die Formengebung viel reifer als dort. Es bleibt also die Zeit von der Vollendung des Genter Altars bis zum Beginn der Palamadonna, den wir wohl in das Jahr 1435 legen müssen. Das Frankfurter Bild wird zwischen 1432 und 1435 entstanden sein und zwar vielleicht im Jahre 1433, aus dem wir kein unzweifelhaft echtes Werk besitzen. Unmittelbar vor der Palamadonna, d. h. im Jahre 1435 wird es kaum anzusetzen sein, weil diese unverhältnismässig viel schärfer ausgeführt ist.

Höchst instruktiv ist der Vergleich des Jesuskindes

mit dem der Rollin- und Palamadonna. Der Unterschied der Behandlung ist so gross, dass allein aus der Vergleichung der Kinder die Aufeinanderfolge der drei Gemälde bestimmt werden kann. Bei der Rollin-Madonna hat Eyck mehr den Gott als den Menschen im kleinen Jesus gesehen: der Ausdruck ist zwar hieratisch vielsagend, die Formen dagegen sind ungelenk und hölzern. Die übertrieben runde Modellierung steht durch ihre Unnatürlichkeit im Widerspruch zu des Künstlers sichtbarem Bemühen, den Körper eines sorgfältig studierten Modelles recht lebenswahr nachzubilden. In der Haltung liegt etwas Ängstliches und Gedrücktes, das den sonst so kräftigen Knaben beinahe kümmerlich und dürftig erscheinen lässt. Aller realistischen Bemühungen Eycks zum Trotz hat die Rücksicht auf den religiösen Charakter dem Jesuskinde jene unbehülfliche Befangenheit verliehen, unter der die mittelalterliche Kunst gelitten hatte. Die Lucca-Madonna zeigt nun einen ganz nahe verwandten Typus. Der Blondkopf kehrt wieder, ebenso der stämmige, untersetzte Körper und der feste, aufgetriebene Leib. Aber mit wie viel mehr Geschmeidigkeit wird nun Alles behandelt. Das Fleisch ist nicht mehr hart, sondern weich. und elastisch, die Gelenke spielen frei, und mit Ausnahme des Kopfes ist das Problem des Kinderaktes völlig gelöst. Es liegt keineswegs in der Haltung und Situation allein, dass der Frankfurter Jesus so viel natürlicher erscheint, sondern vielmehr in der weicheren, freieren Behandlung des Körpers. Was aber den Gesichtsausdruck betrifft, so hat auch hier der Künstler den Einfluss des älteren Stils zu seinem Schaden erfahren. Er wollte zwar das genrehafte Motiv des trinkenden Kindes bringen, aber es zugleich in eine weihevolle Sphäre erheben: was er jedoch gegeben hat, ist weder ein göttliches, noch ein menschliches Kind. Freilich betrifft diese Bemerkung nur den Ausdruck des Kopfes. Wenn wir endlich den Jesus der Palamadonna zum Vergleich heranziehen, so erscheinen alle Gegensätze aufgelöst.

Eyck hat einen kräftigen, lebhaften Knaben als Modell genommen; aber er wählte nicht mehr das einjährige Kind. Für den selbständig handelnden und denkenden Jesus entsprach ihm nun ein halberwachsener Knabe besser. Wie hier einerseits die Bewegungen noch frischer sind, als bei dem Frankfurter Bilde, so hat Eyck anderseits nicht mehr an dem hieratisch unbewegten Ausdruck festgehalten. Der Typus des Hauptes ist noch derselbe, aber das Leben ist frischer und freier. Eyck hat hier das Problem, Gott in Kindesgestalt zu verkörpern, in den Grenzen seiner Kunst ganz gelöst. Von da ab hat er, so weit wir wissen, dem für ihn veralteten Schema kein Zugeständnis mehr gemacht. Als er im Jahre 1439 nochmals den Jesusknaben darzustellen hatte, da ist er denn auch noch einen Schritt weiter gegangen und hat das in seinem Eigensinn und seiner Unbehülflichkeit so liebenswürdige Wesen des Kindes mit köstlicher Unbefangenheit geschildert. Wenn wir nun aus dieser Entwickelung einen Rückschluss auf die Entstehungszeit der Gemälde ziehen dürfen, so ergibt sich für die Lucca-Madonna dem Obigen entsprechend, dass sie einige Jahre vor der Palamadonna entstanden ist, d. h. gegen 1433, für die Rollin-Madonna aber, die auch in dieser Hinsicht einen ungleich altertümlicheren Eindruck macht, bestätigt sich ebenfalls die Vermutung, dass sie wesentlich älter sei, und also noch in das zweite Decennium des 15. Jahrhunderts falle.

Was den künstlerischen Wert der Lucca-Madonna anlangt, darf nicht verschwiegen werden, dass er — für Eyck! — nicht sehr bedeutend ist, obwohl die Eigenhändigkeit nicht bezweifelt werden kann. Sie wird eine Gelegenheitsschöpfung sein. Welcher Unterschied jedoch zwischen Gelegenheitsschöpfungen des grossen Meisters und sorgfältigen Arbeiten anderer Altniederländer besteht, kann gerade in Frankfurt gut studiert werden. Neben unserm Eyck hängt eine kleine Madonna von Petrus Cristus, die für diesen ebenso tüchtig ist, wie die

Lucca-Madonna für Eyck unbedeutend. Ihre Ärmlichkeit und Dürftigkeit fällt übrigens so sehr auf, dass man schwer begreift, wie Eyck und Cristus bis auf den heutigen Tag so oft miteinander verwechselt werden konnten [42]).

Aus Jans letzten Lebensjahren sind uns noch einige unbezeichnete Bilder erhalten, über deren Datierung weiter nichts zu sagen ist, als dass die meisten von ihnen höchstwahrscheinlich nach der Palamadonna entstanden sind: zwei männliche Porträts und zwei Madonnen. Das gemeinsame Characteristicum der letzteren ist eine ungemeine Reichheit der Ausführung, die hohe Poesie der Auffassung und eine so vollendete Freiheit in der Wiedergabe aller Formen und Bewegungen, dass sie nicht gut in jene Perioden zu setzen sind, wo Eyck noch mit allerlei Schwierigkeiten zu ringen hatte. Die beiden Porträts aber weichen — innerhalb der Grenzen des Eyckschen Stils — so weit von einander ab, dass sie nicht leicht zusammengefasst werden können.

Das erste Porträt ist nicht schwer zu datieren; denn es zeigt uns den vermutlich mit Jan befreundeten Tuchhändler Arnolfini in einem etwas höheren Alter, als auf dem berühmten Doppelbildnis von 1434. Er mag 4 bis 5 Jahre älter sein, als zur Zeit seiner Vermählung, und so wird die Einzeldarstellung in die Jahre 1437—1439 zu setzen sein. Sie ist aus dem englischen Kunsthandel für die Berliner Galerie gekauft worden [43]). Über den Maler und den Dargestellten haben wir keine verbürgte Kunde. Die Ähnlichkeit mit dem Londoner Arnolfini ist jedoch schlagend: Augen, Blick, Wangen, Nase, Ohren, Mund, Kinn und die schmalfingrigen Hände sind durchaus gleich. Über Jans Urheberschaft lässt zwar schon das hervorragend schöne, lebensvolle Colorit keinen Zweifel; doch deutet auch jeder allgemeine und jeder spezielle Zug auf ihn. Die ruhige und geschlossene Wirkung, die überaus sorgfältige Modellierung, die gewissenhafte Charakteristik, die das Wesentliche betonend, des Nebensächlichen nicht vergisst, die sensible und dabei kräftige Zeichnung weisen in ihrer Vereinigung alle auf Jan, vor allem aber der Fleischton, der mit dem des Timotheus beinahe identisch ist. Immerhin ist es gut, zu beachten, dass die individualisierende feste Behandlung des knorpeligen Ohres, der verschieden gebildeten Augen und des nervös zuckenden Mundes, wie die Schattengebung auf der linken Seite des Gesichtes lauter Eigenschaften sind, die in dieser Art nur bei Eyck wiederkehren. Die kurzen, starken, rauh hingesetzten Striche am Ohr, Mund und an den Augen sind sein persönliches Eigentum, und sie verbinden sich hier wie sonst so ausserordentlich wirkungsvoll mit der sorgfältigen Verteilung der Farben in den breiteren Partien des Gesichtes. Wunderbar inhaltsreich ist besonders die Contur, die Arnolfinis rechte Gesichtsseite gegen das rote Kopftuch abgrenzt. Ein wesentlicher Fortschritt gegen die Jugendarbeiten kann ohne weiteres konstatiert werden und zwar derselbe wie bei dem Porträt seiner Frau aus dem Jahre 1439. Wenn in früheren Jahren die Kopfbedeckung nicht nur als Umrahmung aufgefasst wurde, sondern auch gewissermassen zusammenfassend wirken sollte, so ist hier eine viel grössere Leichtigkeit und Selbstverständlichkeit zu beobachten. Das Kopftuch drängt den Blick nicht mehr nach der Mitte; sondern bei diesen Arbeiten höchster Entfaltung Eyckscher Kunst werden die Augen des Beschauers von der Mitte leicht angezogen und dann fortgelenkt, um über das Ganze weiter zu gleiten[44]).

Hier sei ein undatiertes und einstweilen auch undatierbares Porträt angeschlossen. Aus einer alten Inventar-Nachricht wissen wir, dass die Sammlung des österreichischen Kaiserhauses ein Bildnis des Kardinals Santa Croce von Eycks Hand besessen hat[45]). Eine Beschreibung des Gemäldes ist nicht erhalten, doch findet sich in der Sammlung noch heute ein von Jan van Eyck herrührendes Porträt eines alten Herrn, der wohl Geistlicher gewesen sein mag. Ähnlichkeit mit einem anderen auf uns gekommenen Bildnis des genannten Kardinals[46]) ist aber nicht zu entdecken, und so steht die Benennung des Wiener Bildnisses auf schwachen Füssen. Aber es sei der Bequemlichkeit halber an ihr festgehalten. Der alte Herr ist mit rotem, pelzverbrämtem Leibrock angethan. Das Haupt ist unbedeckt; Arme und Hände sind nicht mehr auf das Gemälde gebracht. Die Zuschreibung an Jan van Eyck kann nicht bezweifelt werden. Charakteristisch ist für ihn das prachtvolle Rot des Rockes, eine in den gleichen Valeurs bei ihm häufig wiederkehrende Farbe; es finden sich auch die bekannten, rötlichen Striche, mit denen er die Gesichtsfalten so kräftig einzuzeichnen pflegt, dass sie wie eingegraben erscheinen. Echter Jan ist endlich das wunderbar scharf gezeichnete Ohr. Das Bildnis gehört zu Jans besten Arbeiten und es ist wohl die schlichteste und einfachste. Diese Einfachheit der Auffassung spricht sich nicht nur in der völligen Freiheit von Pose aus. Das Bild ist mit grosser Konsequenz nach Einer Richtung orientiert, der die Bewegung des Kopfes und der Blick der Augen folgen. Das bringt eine ausserordentliche Klarheit in das Porträt. Das Gleiche kann bei allen echten Werken Jans beobachtet werden und es muss darum hier als ein weiteres Zeichen der Echtheit gelten. Wir dürfen sogar das Princip, dass für das ganze Bildnis nur eine einzige Ebene als Grundlage der Bewegung angenommen wird, für ein besonderes Characteristicum seiner Kunst halten und zwar für ein so wichtiges, dass Porträts, wo es vernachlässigt wird, bis auf weiteres angezweifelt werden müssen, z. B. der berühmte Mann mit den Nelken[47]).

Für die Datierung des Bildes haben wir gar keinen äusseren Anhaltspunkt und leider auch keinen inneren. Die grosse Ruhe scheint mir für die Zeit des Londoner Arnolfini Bildnisses zu sprechen; denn jener äusserste Eindruck schreckhafter Lebenswahrheit, den der Canonicus Pala macht, ist hier noch nicht erreicht, und somit wäre vielleicht die Jahreszahl 1435 anzusetzen.

Auffallend ist das Format: 35 : 29 cm. Der Kopf selbst hat also gut Zweidrittel Lebensgrösse. Man muss sich das vergegenwärtigen, um die häufig gehörte Phrase von Jans Miniaturmalerei recht zu würdigen. Es ist merkwürdig, dass wohl Jedem, der das Bild gesehen hat, die Masse viel kleiner und zierlicher in Erinnerung bleiben, als sie wirklich sind, und zwar liegt das Überraschende dieser Erscheinung darin, dass das Format recht ungeschlacht ist. Jan muss eine Vorliebe für solche Verhältnisse gehabt haben, und es seien darum hier die ungefügen Masse einiger anderer Bilder angegeben, die auch alle für ihre Zierlichkeit berühmt sind: das Verlöbnisbild hat 84 : 73 cm, die Rollin-Madonna 67 : 62 cm, das Porträt seiner Frau 32 : 26 cm.

Zu unserem Bilde gibt es eine alte Silberstiftzeichnung im Dresdener Kupferstichkabinet. Sie wird allgemein als echte und schöne Vorstudie angenommen, und noch Wörmann hat sie in seiner grossen Publication der Dresdener Handzeichnungen als ein zweifelloses Original edirt[48]). Der Ausdruck des Kopfes hat jedoch nichts von der Frische und Kraft des Gemäldes, und man möchte beinahe glauben, dass wir nicht denselben Mann vor uns haben. Indess überzeugt uns die nähere Prüfung, dass beide Porträts nahezu identisch sind. Wie soll man sich bei der weit durchgeführten Gleichheit des Details die principielle Verschiedenheit des Ausdruckes anders erklären, als dass die Zeichnung eine sehr fleissige Kopie nach dem Gemälde ist, zumal die runde Strichführung der Skizze in bedenklichem Gegensatze steht zu der markanten, eckigen Formengebung des Gemäldes.

Die Dresdener Zeichnung trägt eine schwer oder nicht entzifferbare Inschrift, die Kämmerer zu enträtseln versucht hat[49]). Sie soll die Farbenangaben des Porträts enthalten. Diese können nun ebenso gut vom Maler wie vom Kopisten herrühren; aber ich halte es für unvereinbar mit Eycks künstlerischem Charakter, dass er nach geschriebenen Notizen gearbeitet habe. Eine solche reiche und dabei so wahrheitsgetreue Nuancierung aller Farbenwerte erreicht man nicht anders als durch direkte Arbeit nach dem Modell. So allgemeine Bemerkungen, wie „blawes Auge", „die liffden witachtich" können nicht die Grundlage für ein Bildnis von solcher reicher Ausarbeitung des Fleischtones sein, zumal eben bei den betreffenden Körperteilen die Farben viel reicher nuanciert sind. Wir haben noch viele Zeichnungen nach fertigen Gemälden, bei denen sich der Kopist die Farben des Originales angemerkt hat. Die Notizen der Dresdener Zeichnung können darum nichts beweisen; ebensowenig die Parallele mit Holbein, bei dem die Gemälde, die nach Zeichnung und geschriebenen Farbenangaben gemacht sind, ein sehr summarisch behandeltes Kolorit besitzen.

Wer sich mit Eyck beschäftigt, wird im allgemeinen ihn als scharfen Beobachter bewundern, als einen Arbeiter, dessen Methode gründlich und elegant zugleich war; von einer ganz anderen Seite aber offenbart er sich in einem herrlichen Bildchen der Berliner Galerie: der sogenannten Kirchenmadonna[50]). Was Eyck hier geschaffen hat, gehört eben so sehr der Poesie, wie der Malerei an: es enthüllt sich in ihm ein Dichter voll Tiefe und reiner Empfindung. Das Thema ist ungemein einfach: die Madonna lustwandelt in einer hohen, gotischen Kathedrale, ihr Kindchen liebevoll im Arm haltend, zwei Engel stehen in Ministrantentracht weit hinten im Chore und sehen voll heiliger Scheu dem lieblichen Wunder zu, dabei die Kirche mit dem weihevollen Gesang des Hosiannah erfüllend[51]).

Die Zierlichkeit des Formats trägt wohl hauptsächlich zur köstlichen Wirkung bei; die Breite beträgt nicht ganz eine Spanne und die Höhe kaum zwei. Trotzdem ist auf so kleinem Raum das Innere eines hohen, gotischen Domes bis zum letzten Detail dargestellt, und zwar nicht als trockener Aufriss, sondern sonnig durchflutet von hellem Lichte, das in alle Ecken dringt und die göttlichen Personen warm umspielt. Eine Arbeit unsäglichen Fleisses ist emporgehoben auf das Niveau der

Meisterwerke grossen Stiles. Aus dem Allen geht hervor, dass das Bild in die letzten Jahre fallen muss; denn dort fanden wir in der Barbara, vor allem aber in der Brunnenmadonna schon Werke, deren eigentlicher Wert auf jener Grenze liegt, wo Malerei und Poesie sich berühren. In der That ist die Ausführung weicher und lockerer, dazu wärmer, als bei den früheren Arbeiten. Der Typus des Christuskindes ist nicht mehr der alte, hieratisch feierliche, der bei Eyck nach der Palamadonna auf einem datierten Bilde nicht mehr vorkommt. Es ist ein kleines, munteres Menschenkindlein, das sich an die Brust der schönen, schlanken Frau schmiegt, und die Hände zutraulich an den Saum des Gewandes legt. Die Befreiung von altertümlichen Formeln, die Eycks letzter Periode eigentümlich ist, findet sich hier so gut, wie bei der Brunnenmadonna.

Sehr lohnend ist es, die Kirchenmadonna mit einem gesicherten, älteren Werk zu vergleichen: mit der Gruppe der heiligen Jungfrauen aus der Anbetung des Lammes. Das erste Resultat des Vergleiches ist die Sicherheit dass beide Werke von derselben Hand herrühren, mögen im einzelnen und im ganzen auch noch so viele Verschiedenheiten obwalten. Die Gewandmassen sind hier wie dort einfach und gross angeordnet, und die Biegungen des Stoffes verlaufen in geradlinig konturierten, an den Ecken leicht abgerundeten Falten[52]). Hier wie dort die langen, schlanken Gestalten mit den tief herabsinkenden Schultern; die gleichen Hände mit den dünnen, krallenartigen Fingerchen, die gleiche weich zur Seite ausbiegende Haltung des träumerischen Hauptes. Die hoch und rund geschwungenen Augenbrauen, die lange, starke Nase, das zierliche Mündchen, der freie luftige Fall des offenen und vollen Haares, das bescheidene Zurücktreten des an sich doch so reichen Schmuckes sind alles Merkmale Eyckscher Kunst im allgemeinen, während im Speziellen die Reinheit der Farbe, die Gleichmässigkeit des Auftrags, die Bestimmtheit und Richtigkeit der Zeichnung uns darüber vergewissern, dass uns keine unsichere oder gleichgültige Kopistenhand einen schwächeren Abklatsch eines Originals vorgesetzt hat.

Der Vergleich mit der Gruppe der heiligen Jungfrauen ergibt nun zwar einerseits die Urheberschaft durch Jan, anderseits zeigt er aber auch, dass die Kirchenmadonna wesentlich später entstanden sein muss. Während dort der Beschauer den Eindruck, dass die heiligen Martyrinnen sich vorwärts bewegen, nur durch das Arrangement der Gruppe und durch deren Verhältnis zu dem Lamm, sowie zu den übrigen Gruppen erhält, während dort die Frauen — jede für sich betrachtet — still zu stehen scheinen, so ist hier ein viel feineres und auch thatkräftigeres Verständnis für die bewegte Form zu konstatieren. Die Kirchenmadonna hält auf ihrem einsamen Gang im Tempel einen kleinen Augenblick inne, bereit und fähig sogleich wieder weiter zu gehen. Während dort die Ruhe der Haltung dem Motiv der darzustellenden Bewegung so offenkundig widerspricht, dass ein innerer, künstlerischer Widerspruch entsteht, so sind hier die ruhigen Massen in Bewegung gekommen. Der harmonische Eindruck erklärt sich nicht zum wenigsten aus dieser glücklichen Vereinigung beider Motive. So weist auch der Vergleich mit dem Werke, das die Jugendperiode abschliesst, in eine reifere Zeit und zwar in die der Brunnenmadonna, bei der wir ja die Bewegung in der Ruhe als wichtiges Kennzeichen der letzten Epoche erkannt haben.

Was die Raumbehandlung anbetrifft, so hat Eyck niemals etwas Besseres gemacht, als die Kirchenmadonna und doch hat er sich nirgends die Aufgabe so schwer gestellt; auch hat er nirgends das Lichtproblem so ehrlich durchgeführt, wodurch doch die Aufgabe wesentlich kompliziert wurde. Aber einen charakteristischen Fehler hat Eyck hier doch aus der Jugendzeit beibehalten. Er gestattet sich die Freiheit, die Madonna riesengross zu bilden oder vielmehr die Proportionen ihres Körpers ausser Verhältnis zu denen der Kirche zu setzen: sie ragt bis zur halben Höhe des luftigen Mittelschiffes empor. Ähnliches findet sich oft bei Eyck; jedoch hat er es nirgends so gut verstanden, keine störende Wirkung der offenkundigen Schwäche aufkommen zu lassen, beziehungsweise den Fehler zu einem Vorzug umzuwandeln. Die schlanke Grösse der Kirchenmadonna trägt nur dazu bei, dass wir fast instinktiv die ganz irdisch gebildete Frau als hehre Himmelskönigin empfinden; umgekehrt aber bleibt, trotz der schier unermesslichen Grösse, der Charakter des Lieblichen fein gewahrt.

Von welcher Seite auch immer die Kirchenmadonna betrachtet werden möge, so stellt sie sich stets als ein durchaus reifes Meisterwerk dar und scheint darum auch von jeher als solches verehrt worden zu sein; denn sie ist bis in das 16. Jahrhundert hinein immer wieder kopiert worden, wie die vielen noch heute erhaltenen Wiederholungen zeigen [53]).

Vor einigen Jahren wurde durch Tschudi ein Bild in die kunstgeschichtliche Litteratur eingeführt, von dem die Handbücher zwar schon vorher gesprochen hatten, das aber so gut wie unbekannt geblieben war [54]). Es ist die Madonna mit dem Karthäuser bei Baron Gustave Rothschild in Paris. Die Scene spielt sich in einer romanischen Loggia ab, die sich auf eine reich belebte Landschaft öffnet. Die Madonna steht unter dem roten Baldachin; das Kindlein wendet sich mit freundlichem Segen zum links knieenden Karthäuser, der von der heiligen Barbara patronisiert wird. Rechts steht die heilige Elisabeth, die dreifache Krone in den zarten Händchen tragend.

Das Bild hat keine weit zurückgehende Tradition, galt aber, seitdem es bekannt ist, als schönes Werk des Jan van Eyck.

Die Analogien mit den gesicherten Arbeiten Jans sind sehr zahlreich. Die hohe, gewölbte Stirne, die schwachen, sehr gebogenen Augenbrauen, die gerade

Nase, der minnigliche Mund, die frei gehaltenen Schläfen, die kleinen Händchen, endlich die Tracht, der Schmuck, der Baldachin und der Teppich: kurz die Erscheinung der Madonna selbst und alle Beigaben weisen mit Bestimmtheit auf Jan van Eyck, und zwar erinnert vieles an die Palamadonna. Nur der kleine Jesus weicht im Typus ab, sowohl was den geistigen Gehalt anlangt, als auch in bezug auf die Körperbildung. Wenn dort ein junger Gott sich voll gnadenreicher Milde dem betenden Canonicus zuwendet, so ist es hier ein liebenswürdig scherzendes Kind, das sich dem Karthäuser zuneigt, weniger um ihn zu segnen, als freundlich zu begrüssen. Die beiden heiligen Frauen gehören in ihrer gotischen, etwas gar zu weichen Grazie demselben Geist an, der die Gruppe der heiligen Martyrinnen auf dem Genter Altar und das Verlöbnisbild des Arnolfini geschaffen hat. Endlich aber sind die Loggia und die Landschaft ganz nahe verwandt mit den kleinen Landschaftsstücken auf den Brüsseler Zwischentafeln, die zu der Berliner Verkündigung gehören und mit dem Hintergrund der heiligen Barbara von Antwerpen. Wenn es endlich gestattet ist, ein unbezeichnetes Bild anzuführen, so muss die Verwandtschaft mit der Rollin-Madonna als schlagend gelten.

Bei Prüfung der Einzelheiten ergeben sich noch weitere Zeugnisse für eigenhändige Urheberschaft durch Jan. Da ist zunächst der Donator. Die vielseitige Behandlung des Kopfes, die das hohe, kahle Schädeldach so energisch als starken Knochen auffasst, während sie das pralle Wangenfleisch zwar in seiner reichen Festigkeit, aber doch nicht hart charakterisiert, ist nur dem Jan van Eyck eigen. Dazu kommt die schon von dem Kardinal Pala her bekannte Manier, die letzte, schärfste Characterisierung des Kopfes durch kurze, feste, wie mit dem Meissel eingegrabene rötliche Striche zu bewerkstelligen. Die vollendete ruhige Plastik der Modellierung weist ebenfalls auf Jan. Von höchster Bedeutung ist die Wahrheit des Fleischtones und der zarte Duft, der auf den vollen

Wangen liegt. Eine solche Meisterschaft in der Behandlung der Haut hat ausser Jan gar kein anderer Künstler des 15. Jahrhunderts; es muss sogar an dieser Stelle betont werden, dass trotz seines Beispieles keiner unter den Altniederländern daran dachte, den matt leuchtenden Schmelz der Haut nur anzudeuten. Ein koloristisches Meisterwerk ersten Ranges ist endlich das weisse, wundervoll gemalte Gewand des Donators, in dessen Falten das rätselhafte Helldunkel Jans spielt. Von der klaren Plastik dieser Figur zu sprechen wäre nicht nötig, wenn angesichts des von Kämmerer ausgesprochenen Zweifels es nicht eben doch angezeigt erschiene, auf sie hinzuweisen. Sie spricht für Jan und nur für Jan.

Das durchaus ebenbürtige Gegenstück zum Donator ist die holde Gestalt der heiligen Elisabeth. Wie die Fältelung des Brustgewandes, wie die grossen, mächtigen, gerad verlaufenden Falten des dicken Wollstoffes für Jans Stil im allgemeinen charakteristisch sind, so beweist die koloristisch unübertreffliche Behandlung des Gewandes, dass wir vor einem Originalwerk stehen. So malerisch ist das Schwarz gesehen, dass es erst von Velazquez wieder mit solchem farbigen Reiz wiedergegeben wird. Entzückend aber in seiner Frische und vor allem in der Richtigkeit des Tonverhältnisses wirkt das blasse Gesichtchen, das vom schwarzen Kopftuch umfasst wird.

Für die Datierung ist die Raumbehandlung massgebend. So lachend schön, so reich belebt die Landschaft auch ist, so bildet sie doch nur den Hintergrund. Der Beschauer wird geistig in die romanische Loggia versetzt und dort festgehalten, im Gegensatz zu der Rollin-Madonna, wo die Landschaft das Übergewicht hat. Ausserdem verdient die Beleuchtung alle Berücksichtigung. Die Scene wird konsequent als in freier und neutral von überall her dem Lichte zugänglicher Halle aufgefasst, wieder im Gegensatz zur Rollin-Madonna; dort hat sich Eyck noch nicht davon getrennt, die Scenerie als geschlossenes Interieur zu behandeln, obwohl die Halle sich so weit nach aussen auf einen Garten hin öffnet. Wenn wir endlich die vollkommene Freiheit der Bewegungen ins Auge fassen, so werden wir unwillkürlich wieder in die letzten Jahre geführt. Das Bild mag 1437 entstanden sein, zur Zeit der Barbara von Antwerpen.

Beim Christuskind bewähren sich früher gemachte Beobachtungen aufs neue. Sie bestätigen die eben angegebene Datierung; denn vor der Palamadonna hat Eyck dem kleinen Jesus noch nicht den kindlich frohen Charakter verliehen, den er hier trägt.

Ein eigentümliches Missgeschick hat unser Bild betroffen, ein Missgeschick, das aber zugleich gestattet, einen unmittelbaren Vergleich zu ziehen zwischen Original- und Kopistenarbeit. Das Gemälde ist nämlich, aus einem nicht ersichtlichen Grunde, auf allen vier Seiten bis zu Daumenbreite, aber unregelmässig beschnitten gewesen und wurde später wieder auf den Umfang ergänzt, den es heute noch hat. Der Maler, der dieses Ausstückeln besorgt hat, besass ein feines Verständnis für Eyck, so dass bis heute die Verletzung noch gar nicht bemerkt worden zu sein scheint: trotzdem ist selbst in den nebensächlichsten Dingen seine Farbenkunst herzlich schwach, und so belehrt uns gerade dieser Umstand — falls wir einer solchen Belehrung bedürfen — aufs Nachdrücklichste über den hohen, künstlerischen Wert des eigentlichen Bildes.

Endlich sind noch zwei Madonnenbilder zu besprechen, bei denen eine nicht geringe Anzahl wichtiger Fragen einstweilen noch nicht gelöst sind: Das sogenannte Reisealtärchen Karls V. in Dresden und die Ince Hall Madonna in Blundellhouse. Das Reisealtärchen ist ein Triptychon, dessen Mittelstück die thronende Madonna mit dem segnenden Christus bildet; der linke Flügel zeigt den vom heiligen Michael patronisierten knieenden Stifter, der rechte die heilige Katharina. Die Aussenseiten tragen in Grisaillemalerei die Verkündigung: und zwar der linke Flügel den Engel mit dem Stab, der rechte die stehende Madonna und die heilige Taube[55]).

Das Werk hat keine Tradition, ist ausserdem ziemlich schlecht erhalten. Trotzdem kann das Eine mit Sicherheit behauptet werden, dass die thronende Madonna von Jans eigner Hand herrührt. Sie sitzt unter dem bekannten Baldachin und stützt mit beiden Händen das halb sitzende, halb stehende Christuskind unter den Armen. Beide wenden sich nach links zum Stifterflügel. Die Kirche mit den romanischen Säulen und den Butzenscheiben, das feine Helldunkel, der pastos gemalte, in reichster Farbenpracht leuchtende Baldachin, der Schmuck und der Typus der Madonna mit der hohen, gewölbten Stirn und den runden Augenbrauen, die ungemein delikate, klare und bei aller Zierlichkeit kräftige Ausführung zeigen uns in dem ganz kleinen Gemälde ein grosses Meisterwerk Jans. Welcher Zeit es angehört, ist schwer zu sagen: nach dem frisch bewegten Christus, der leichten und freien Auffassung der Madonna möchte man glauben, dass das Altärchen eine der späten Arbeiten ist, zumal der Teppich, so weit man sehen kann, dem der vermutlich sehr späten Rothschild-Madonna recht ähnlich ist. Ausserdem hat die Grisaille Figur der stehenden Madonna grosse Verwandtschaft mit der heiligen Elisabeth auf der Rothschild-Madonna; allerdings gehört sie nur in der allgemeinen Anlage zu Eyck, während sie der Ausführung nach wohl von fremder Hand herrührt.

Wenn das Mittelbild in jeder Hinsicht als Originalwerk erscheint, so ist die Frage bei den Flügeln sehr verwickelt. Die Haltung der Madonna beweist, dass das ganze Werk als einheitliche Komposition gedacht ist. Demnach dürften die Flügel zum Bilde gehören. Aber ihre Ausführung weist so bedenkliche Schwächen auf, dass sie wohl von Niemand als Originalwerke Jans angesehen würden, wenn sie vom Mittelbild getrennt wären. Dieses lässt sie ja freilich so sehr an seinem Glanze teilnehmen, dass ihm in seltsamer Ungerechtigkeit die Flügel vorgezogen wurden; aber wir dürfen uns doch nicht darüber wegtäuschen, dass die Seitenteile im Vergleich zu dem überaus köstlichen Mittelstück leblos und kalt sind. Die Figur des Stifters ist haltlos aufgefasst, sein Kopf eintönig und hart modelliert, was durchaus nicht aus dem kleinen Format des Altärchens erklärt werden kann; denn einerseits ist der prachtvolle Donatorenkopf der Rothschildmadonna nicht wesentlich grösser, anderseits ist das Madonnenköpfchen des Dresdener Triptychons im Stil den beschränkten Verhältnissen reizend angepasst und trotz seiner Winzigkeit noch so kräftig belebt. Die Haltung der wenig individuellen Hände des Stifters ist nichtssagend, das Grün des Mantels hat nicht die bekannte, gleichmässig aufgetragene, volle Pracht. Der heilige Michael hat nichts von strammer Festigkeit, seine Rüstung ist schematisch und gleichgültig getüpfelt und hält den Vergleich mit den doch viel kleineren Metallfiguren des Mittelbildes nicht aus. Die bunten Flügel sind armselig gegen die Zauberpracht der Engelsflügel in Petersburg. Auf der rechten Seite wirkt das kalte, wenig vertriebene Blau des Gewandes der heiligen Katharina verletzend und stört die Harmonie der Gesamtwirkung, für die das Mittelbild einen solch leuchtenden, warmen Ton als Grund angibt; die Farbe ist dünn gegen die volle Sattheit von Eycks Colorit. Die Figur ist an sich Eyckisch in der Haltung, ihre malerische Ausführung aber ist unbedeutend. Das kräftige Relief der Madonna des Mittelbildes fehlt durchaus und mit ihr die prächtige räumliche Vertiefung, die doch gerade dem Hauptteil des Altärchens eignet. Das Antlitz ist nicht etwa holdselig stimmungsvoll, wie sonst bei Eyck, sondern gedankenlos; das Detail aber ist sehr mittelmässig, zum Teil — im Vergleich zu Eycks sonstigen Leistungen! — sogar schlecht, u. a. das Gebetbuch der hl. Katharina. Die Linienführung der ganzen Figur aber streift an Geschmacklosigkeit. Die beiden Grisaillen zeigen ebenfalls Eyckschen Stil, stehen aber weit unter denen des Genter Altars: kurz, die beiden Flügelbilder haben bei aller Zugehörigkeit zum Eyckschen Vorstellungskreis so vieles Schwache an sich, können sich an Harmonie, Kraft, Schönheit und Leben so wenig mit dem Mittelstück vergleichen, dass der Gedanke an Eigenhändigkeit schweren Bedenken begegnet.

Das Hauptprinzip der malerischen Behandlung ist durchaus verschieden von der des Mittelbildes. In diesem bleibt der Ton immer gleich stark, ob er im Lichte stehe oder nicht; Jan behält die Trennung der Gegenstände in Farbe und Stoffbehandlung stets bei. An den Flügeln aber ist eine Art breiter Untermalung mit aufgesetzten Lichtern zu bemerken, so dass die individuelle Behandlung jedes Details durchaus fehlt. Ferner besitzt das Helldunkel nicht den bekannten, seltsamen, leichten, schwärzlich grünen Ton, sondern ist kälter, derber gehalten. Das Bild gehört mit grosser Wahrscheinlichkeit den letzten Jahren Eycks an. Der Tod mag ihn an der Fertigstellung gehindert haben. Der Stifter aber hat vielleicht nach des Meisters Vorarbeiten das schöne Werk durch Gesellenhände zu Ende geführt. Eine solche Annahme würde alle Widersprüche lösen.

In Blundellhouse befindet sich die berühmte Incehall Madonna, die auf der grossen Ausstellung des Burlington Clubs zum erstenmale weiteren Kreisen zugänglich gemacht worden ist. Sie gehört zweifellos in Eycks Richtung. Ein auf dem Bilde selbst angebrachter Vermerk gibt sie auch als Originalwerk Jans aus und setzt sie in das Jahr 1432 [56]). Die rohe Inschrift ist jetzt allgemein als unecht zugegeben, wird aber als Wiederholung einer echten auf dem nun verschwundenen Originalrahmen angesehen. Das dünkt mir deshalb unwahrscheinlich, weil eben der Umstand, dass der — hypothetische — Originalrahmen die Inschrift trug, die Besitzer wohl veranlasst haben würde, bei Anfertigung eines neuen Rahmens auch diesen zum Träger der Inschrift zu machen. Das Bild selbst hat man noch nicht fallen lassen. Es stellt die

Madonna als junge Frau dar, ein Gebetbuch vor sich haltend, dessen schöne Miniaturen das auf ihrem Schosse sitzende Kind mit sinnigem Staunen betrachtet. Orangen in der Fensternische, ein funkelndes Waschbecken, glänzende Leuchter und ein reicher Baldachin sind die üblichen Kennzeichen, dass dem Bilde zum mindesten ein Eyckisches Original zugrunde liegt, wenn es nicht von seiner Hand selbst herrührt.

Ich kenne die Incehall Madonna leider nur aus der Abbildung des *Burlington Fine Arts Club;* glaube jedoch nach dieser sagen zu dürfen, dass die Zweifel an der Echtheit des Gemäldes selbst, nicht nur der Inschrift, durchaus berechtigt sind. Der Umstand, dass die Flüchtigkeit des Beiwerkes getadelt werden musste, ist höchst verdächtig, und um so verdächtiger, als die gefälschte Inschrift ohnehin zu einigem Misstrauen herausfordert. Der Vorwurf der Flüchtigkeit wurde nun offenbar mit gutem Grund erhoben; denn dem Brokatmuster des Baldachins sieht man selbst in der Abbildung die Gleichgültigkeit an, mit der es gemalt wurde; es hat mehr von eilfertiger Gewandtheit eines Routiniers, als von der Gewissenhaftigkeit des grossen Meisters. Da das Beiwerk aber vor allem Veranlassung geben könnte, das Bild dem Jan van Eyck zuzuschreiben, so sind die Einwände gegen seine Ausführung besonders bedenklich. Der Typus der Madonna gehört ferner weniger Eyck an, als jener Gruppe von Malern, die am Ende des 15. Jahrhunderts in Brügge thätig waren und deren Werke gewöhnlich unter Memling oder dessen Schülern verzeichnet werden. Diese pflegten Reminiscenzen an Eyck mit Vorstellungen ihrer Zeit zu mischen und schufen hybride Bildungen, deren Bestimmung nicht gerade leicht ist. Weichheit und zarte Empfindung aus der Richtung Memlings durfte unmerklich an Stelle der Hoheit und herben Kraft Eycks treten, und so entstanden jene lieblichen, religiösen Genrebilder, die uns noch heute so sehr ansprechen. Jans religiöse Gemälde haben immer den Charakter des Altarschreines gewahrt; selbst die Lucca-Madonna, die an Verweltlichung des religiösen Bildes nicht wenig leistet, ist doch eine erhabene, feierliche Schöpfung, und es ist eben diese Erhabenheit, die sie innerlich von den gemütlichen und liebenswürdigen Werken Memlings und dessen Zeitgenossen trennt. Von dieser hehren Stimmung kann man bei der Incehall Madonna wenig mehr verspüren. Da nun sowohl der Typus der Madonna auf das Ende des Jahrhunderts weist, als auch die Auffassung für Memlings Zeit spricht, so werden wir das ohnehin verdächtige Beiwerk nicht als Beweis der Ausführung durch Jan van Eyck annehmen dürfen [57].

Kritischer Anhang.

Die dem Jan van Eyck fälschlich zugeschriebenen Bilder.

Dieses Kapitel beschäftigt sich mit den Bildern, die dem Jan van Eyck auf Grund gefälschter Inschriften oder auch infolge irriger Vorstellungen über den Charakter seines Stils zugeschrieben worden sind.

Eine der durchsichtigsten Fälschungen betrifft die Bischofsweihe des Thomas Beckett in der Sammlung des Herzogs von Devonshire [58]). Das Bild ist als Jan van Eyck bezeichnet und für das Jahr 1421 datiert. Jedoch trägt es ausgesprochen den Charakter der flandrischen Frührenaissance und ist also erst an oder nach dem Ende des 15. Jahrhunderts entstanden. Die Fälschung wurde wahrscheinlich dadurch veranlasst, dass einerseits eine alte Notiz über eine von Jan gemalte Darstellung der Ermordung Becketts vorlag, anderseits aber die Architektur und der Baldachin genug Erinnerungen aus seinen schönen Madonnenbildern bewahrt haben, um oberflächlicher Betrachtung die falsche Benennung plausibel erscheinen zu lassen.

Von der gefälschten Inschrift der Incehall Madonna war im vorigen Kapitel die Rede. Als nächste Jahreszahl erscheint 1433 auf dem, meines Wissens bis heute nie bezweifelten, Porträt des Mannes mit dem roten Turban in der National Galery von London. Die Inschrift ist auf dem alten Rahmen angebracht. Dem Wortlaut nach hat sie nichts Verdächtiges. Sie besteht aus dem bekannten Motto als ihk kan und der Angabe: *Iohẽs. de. Eyck. me fecit. año M̊CCCC⁰ 33. 21 octobris.* Aber es berührt sonderbar, dass sie so gar nicht kalligraphisch ausgeführt ist[59]). Wir wissen, welchen Wert die alten Maler bis zu Rembrandt auf die Kalligraphie gelegt haben. Bei Eycks echten Inschriften finden wir auch stets sehr sorgfältige, zierliche, oft reich und doch klar verschnörkelte Buchstabenformen, die nicht selten den Eindruck machen, als seien sie in Stein gegraben. Diese Sorgfalt fehlt aber hier durchaus. Man wird natürlich auf Grund der Inschrift das Bild selbst nicht bezweifeln; wenn aber sein künstlerischer Charakter sich ebenfalls nicht mit Eycks Stil verträgt, dann wird es nicht frivol sein, wenn wir Gemälde und Bezeichnung zugleich fallen lassen.

Der alte Herr ist bekleidet mit einem dunkeln, pelzverbrämten Rock und trägt einen roten Turban. Er blickt den Beschauer ruhig und hart an. Der Kopf, wie bei Eyck üblich, im Dreiviertelsprofil gesehen, ist nach links gewendet, aber die Augen blicken nach rechts. Es entsteht dadurch eine Kreuzung zweier Bewegungen, die für Eycks einfachen Stil recht auffällig ist. Es soll nicht darüber gestritten werden, ob die gesteigerte Lebhaftigkeit in künstlerisch bedeutender Weise durchgeführt ist, es muss nur konstatiert werden, dass sie zu Eycks Auffassung des Porträts durchaus nicht passt. Der Turban sitzt regellos und sehr hastig angeordnet auf dem Haupte; auch dadurch kommt in das ruhig gehaltene Bild etwas von lebhafter Bewegung, allerdings wiederum etwas von Widerspruch. So wenig man begreift, dass Eyck, der so unerbittlich für jede Form und für jeden Begriff den schärfsten und bestimmtesten Ausdruck anzuwenden pflegte, einen nach rechts blickenden Mann sich nach links wenden lässt, ebensowenig begreift man die Hastigkeit im Anordnen des Turbans bei einem Künstler, der gewohnt ist, die Gewänder so raffiniert ruhig und einfach anzuordnen.

Wo immer man Eyck studieren mag, selbst im Louvre vor dem Rollinbildnis, seinem Jugendwerk, findet man das Streben nach zusammenfassender, geschlossener Wirkung. Ob wir nun im übrigen den Kopf des Londoner Bildnisses von 1433 für gut modelliert und ausdrucksvoll halten oder nicht, so werden wir das Eine nicht verschweigen dürfen, dass, im Gegensatz zu der eben erwähnten geschlossenen Wirkung, das Porträt in drei Teile zerfällt: Rumpf, Kopf und Turban. Ob wir nahe vor ihm stehen oder weit zurücktreten, immer bleibt dieser unorganische Aufbau.

Jans sogenanntes Selbstbildnis vom Genter Altar trägt auch einen Turban; wenn wir es nun mit dem in Rede stehenden Porträt vergleichen, so ergeben sich für das letztere sehr ungünstige Resultate. Leicht angeordnet ist der Turban freilich bei Jans Selbstporträt, aber seine Falten sind viel ruhiger und ausserdem viel einheitlicher. Vor allem bleibt der Charakter der Kopfbedeckung deutlich gewahrt, während bei dem Londoner Bildnis der Turban nicht viel mehr als ein gleichgültig zusammengeballtes Stück Tuch ist, formlos an sich und auch ohne Beziehung zu seinem Zweck.

Unharmonisch wirkt ferner das Colorit des Bildes. Das kalte Rot des Turbans und der kühle, lackierte Fleischton des Gesichtes gehen nicht zusammen. Wenn wir nun einerseits bisher von einer bei Eyck ganz ungewohnten, mit seinem Wesen unverträglichen Eigenschaft sprechen mussten: von unorganischem Aufbau, so werden wir anderseits mit Befremden jene andere vermissen, die ihn immer kenntlich macht: die Harmonie im fein zusammengehaltenen Colorit.

Wir haben bei Arnolfinis Doppelporträt gesehen, dass Eyck seine Köpfe nicht durch Schaffung von Beleuchtungskontrasten modelliert. Licht und Schatten stehen sich bei ihm nicht als die Formgestalter gegenüber, auf deren gegenseitigem Verhältnis das ganze Gemälde beruht. Der Turbanträger aber ist ausschliesslich auf den Gegensatz dieser beiden Faktoren aufgebaut. Licht und Schatten sind bereits im Sinne der späteren, schon im 15. Jahrhundert aufkommenden Helldunkelmaler verteilt. Der Kontrast verhilft dem Porträt allerdings zu einem frappanten Gesamteindruck, aber er verhindert jene wechselvolle Modellierung, die wir bei Eyck gewohnt sind. Man hat die Modellierung der beschatteten Gesichtshälfte stets bewundert, aber sie ist in der That nur mechanisch ausgerundet, und ein Blick auf den nebenanhängenden Timotheus genügt, um den prinzipiellen Unterschied zu zeigen. Dieser besteht nicht allein hinsichtlich der künstlerischen Qualität, von der wir hier nicht zu reden haben, sondern hinsichtlich der Technik und der sogenannten Handschrift. Eycks Gegenständlichkeit stellt sich keine andere Aufgabe als die durchaus naturgleiche Nachbildung eines Körpers. Bei dem Turbanträger ist aber dieses Problem dem der Belebung der Bildfläche durch Einführung von Licht und Schattenkontrasten untergeordnet. Die Ursprünglichkeit und Einfachheit von Jans Stil macht einer komplicierteren Kunstübung Platz. Hieraus ergibt sich ein Misstand, den ich nur mit Zagen konstatiere: Der vielgerühmte Kopf ist durchaus nicht charakteristisch, obwohl jedes Fältchen und jedes Barthärchen mit unendlicher Sorgfalt angegeben ist. Die Bemerkung wird hoffentlich den fatalen Beigeschmack des Paradoxen verlieren, wenn ich auf Denner verweise. Es soll nicht darüber gestritten werden, ob der eigentümliche Blick des Auges künstlerisch fein empfunden ist, aber es muss gesagt werden, dass ausser dem Auge nichts da ist, was uns in Erinnerung bleibt und eine nachhaltige Vorstellung von der äusseren Erscheinung des Porträtierten gibt. Im Gegensatz zu der persönlichen Wirkung der echten Bildnisse Eycks, die uns mit allen Einzelheiten der Porträtierten vertraut machen, wie das z. B. der Canonicus Pala thut, bleibt hier nur die allgemeine

Angabe, dass ein alter Mann dargestellt ist. Es ist leicht, sich einen schlagenden Beweis hierfür zu verschaffen: man verdecke die Augen und alles Persönliche und Lebendige wird schwinden, was man sonst allenfalls noch in dem Porträt finden könnte. Das steht nun aber in schroffem Widerspruch zu Eycks Stil. Während dort im Streben nach dem Grossen und Ganzen jedes Detail mit einer gewissen Naturnotwendigkeit sich von selbst einstellt, ging hier im Streben nach dem Detail das Ganze verloren, und darum ist genau genommen nicht einmal das Detail richtig wiedergegeben. Das ist nirgends leichter zu sehen als an der Kontur der rechten Gesichtshälfte, die bei Eyck stets so charakteristisch für den Künstler und den Dargestellten zugleich zu sein pflegt. An der Stirne verschwommen und unfest, ohne weitere Nuancierung in den tiefliegenden Augenbogen einlaufend, in flauem Zuge, ohne Charakterisierung des Fleisches, um den Backenknochen biegend, verläuft sie in mattem Schwung bis zum Kinn, das sie, obwohl es fest gewesen zu sein scheint, nicht scharf und kräftig einfasst. Ein Vergleich mit der so gehaltreichen Kontur am Berliner Arnolfini Porträt, mit der sie übrigens bei oberflächlicher Betrachtung nahezu identisch ist, zeigt den auffallenden Unterschied in einer für unser Bild sehr ungünstigen Weise. Bei Arnolfini schärfste Präcision, bei dem Turbanträger unsichere Mattheit, für die die Reinlichkeit der Zeichnung keinen Ersatz bietet. Sehr bedenklich ist auch die Behandlung des Fleisches: nur die Quantität wird verzeichnet, nicht aber die Qualität, vor allem nicht das Verhältnis zu den Knochen. Das kommt nicht etwa daher, dass der alte Herr vielleicht ein besonders fleischiges Gesicht gehabt habe. Der Canonicus Pala hat ihn in dieser Hinsicht ja weit übertroffen, und doch hat Eyck auf dem Brügger Porträt den Sitz und die Festigkeit der Knochen mit dem gewohnten scharfen Sinn für das Konstruktive so wunderbar gekennzeichnet.

Zum Schluss sei noch auf die Ängstlichkeit der

Ausführung hingewiesen, ein Wort, das auch bei dem sorgfältigsten Bilde unseres Meisters sich nicht eingestellt hat. Man beachte die zitternde, zaghafte Linienführung bei den kleinen Krähenfüssen an den Augen, das armselige Betüpfeln des Kinnes mit den grauen Bartstoppeln, und man wird das, was an diesem Porträt bisher als scharf und charakteristisch bezeichnet wurde, vielmehr als gequält und pedantisch sauber empfinden. Damit wird sich dann die kalte, unharmonische Haltung des Kolorits gut vereinigen, und es wird sich aus dieser gewissenhaften Pedanterie am leichtesten erklären lassen, dass dem Ganzen eine fatale starre Ruhe eignet, die nicht recht zu der Lebhaftigkeit des Motivs passt. Endlich darf vielleicht ein an sich geringfügiger Umstand erwähnt werden. Jan versäumt keine Gelegenheit, seine Meisterschaft in der Darstellung des Ohres zu üben. Es gibt kein Porträt von ihm, wo nicht gerade auf das Ohr ein besonderer Wert gelegt würde. Hier aber ist dieser charakteristische Körperteil, wie es scheint, absichtlich verhüllt.

Ziehen wir die Konsequenzen: ein völliger Mangel an innerer Übereinstimmung mit den sonstigen Werken des Meisters verbindet sich mit einer unverkennbaren Übereinstimmung in vielen Äusserlichkeiten des Stils. Die unkalligraphische Inschrift, die dem Wortlaut nach zwar unverdächtig ist, aber durch ihre Ausführung zu vielen Bedenken Anlass gibt, nennt das Jahr 1433, d. h. sie setzt das Bild zwischen den Timotheus und das Verlöbnisbild des Arnolfini, zwei Meisterwerke ersten Ranges. Es ist aber kaum glaublich, dass zwischen diese beiden eine so pedantische Arbeit falle. So wird die Inschrift auch aus inneren Gründen verdächtig. Es mag Anschauungssache sein, ob man hierauf fussend, die eigenhändige Ausführung durch Jan leugnen will — was ich thue — oder ob man sie doch annehmen will: jedenfalls hat das Londoner Porträt, das ohnehin keine Spuren von Eycks Handschrift trägt, mit seinem Geiste nichts zu thun und kommt für unsere Erkenntnis seiner Kunst nicht in betracht.

Das Wiener Hofmuseum bewahrt das Porträt eines jungen Mannes, das früher in geringem Ansehen stand und z. B. von dem umsichtigen Mechel recht gleichgültig behandelt wurde. Erst in den letzten Jahrzehnten gewann es an Achtung und Ruf, offenbar auf Grund der Inschrift. Diese steht auf dem alten Rahmen und nennt in dem allerdings verstümmelten Meisternamen Jan van Eyck als Autor. Sie lautet:

Jan de [Leeuw] op Sant Orselen dach
Dat claer eerst met oghen sach 1401.
Gheconterfeit nu heeft mi Jan
Van Eyck. wel blijct, wanneert bega(n). 1436.

Der Name des Porträtierten ist nicht mit Buchstaben geschrieben, sondern durch den Bilderrebus eines Löwen gekennzeichnet. Das ist eine Wunderlichkeit, für die wir eine Begründung suchen müssen; ferner ist die letzte Zeile in einem eigentümlich geschraubten Stil gehalten, für den die Rücksicht auf den Reim kaum als einzige Ursache angesehen werden kann. Alles erklärt sich aber, wenn wir die Inschrift als ein Paar von Chronostichen behandeln und folgendermassen schreiben:

***I**an de [Leeuw] op Sant Orse**L**en da**C**h,*
*Dat **CL**aer eerst **M**et oghen sa**C**h. 1401*
*Ghe**C**onterfe**I**t n**V** heeft **MI** **I**an*
***V**an Ey**C**k, **W**e**L** b**LI**j**C**t, **W**anneert began. 1436.*

Bei einer Inschrift vor 1500 brauchen wir die *D* noch nicht mitzuzählen; wenn wir aber sonst alle Buchstaben addieren, die Zahlenwert haben können, so ergibt sich bei dem ersten Zeilenpaar das Resultat 1401, wie es durch die beigeschriebene Ziffer verlangt wird; bei dem zweiten aber stellen sich allerlei Schwierigkeiten ein. Zunächst ist das Additionsresultat nicht 1436, sondern nur 1434. Ferner aber wissen wir nicht, ob das j in blijct mitzuzählen ist, und wenn das schon der Fall sein sollte, dann müssen wir doch auch das y in Eyck jedenfalls mit zwei ansetzen. Das Resultat würde dann 1435 beziehungsweise 1437, nie aber 1436 sein. Es liegt nun nahe, anzunehmen, dass Eycks Name ursprünglich mit *i* geschrieben war und dass das y von Restauratorenweisheit stammt. Aber die Untersuchung zeigt, dass an dieser allerdings beschädigten Stelle von jeher ein *y* gestanden hat, dessen unterer Teil freilich verwischt ist. Die Untersuchung ergibt ferner, dass die Zahlen ganz intakt sind und dass sie von der Hand herrühren, die den übrigen Teil der Inschrift geschrieben hat.

Aus dem Vorliegenden sind nun folgende Schlüsse zu ziehen. Das erste Zeilenpaar beweist mit seiner Ausschaltung des als 65 zu zählenden Namens Leeuw, dass ein Chronostichon in der That beabsichtigt war. Die Ungenauigkeit der Addition der letzten Verse kann jedenfalls nicht von Jan herrühren, und sie macht es daher wahrscheinlich, dass wir hier die Kopie einer ursprünglich von Jan herrührenden Inschrift vor uns haben, deren Fehlerhaftigkeit dadurch zu erklären ist, dass der Kopist die ihm ungeläufige Schreibweise Eick durch das bekanntere Eyck ersetzte. Diese Wahrscheinlichkeit aber wird Gewissheit, wenn wir den Umstand ins Auge fassen, dass der Zahlenwert der Buchstaben durch kein besonderes Zeichen hervorgehoben ist, während doch Eyck auf dem Chronostichon des Genter Altars die Zahlenbuchstaben rot markiert hat. Ein Chronostichon aber, das hier durch die Worte *wel blijct wanneert began* und dort durch die überraschend ähnliche Redensart *Versu vos collocat acta tueri* auffordert, aus der Form des Verses die Jahreszahl herauszulesen, musste einerseits markiert sein und durfte anderseits nicht die Jahreszahl in Ziffern tragen. Es ist sogar aus dem weiteren Umstande, dass wir nicht genau angeben können, ob die Jahreszahl 1434, 1435 oder 1437 gemeint ist, mit Sicherheit zu folgern, dass das Chronostichon ursprünglich — und nach Eycks Gewohnheit — als solches charakterisiert gewesen war; denn ein Chronostichon ist eine feste Zahl, und Zahlen sind doch das

Bestimmteste, was es gibt. Der Mangel an Bestimmtheit aber spricht sowohl gegen die Ausführung der uns erhaltenen Inschrift durch Eyck, als auch dafür, dass diese uns nur durch einen Kopisten — oder Fälscher — erhalten ist, der sich die Mühe des Markierens sparte und zu gunsten einer platten Deutlichkeit die Ziffern an den Rand schrieb; dabei mag ihm dann entweder in der Addition, oder was glaublicher ist, in der Schreibweise des Namens Eyck ein Fehler unterlaufen sein.

Die Inschrift verliert also alle Glaubwürdigkeit und kann etwaige Zweifel an der Echtheit des Bildes nur stützen; jedenfalls kann sie nicht dazu dienen, das Porträt als ein sicheres Originalwerk Jans erscheinen zu lassen. Aber wie es nun auch mit ihr beschaffen sei: das Bild könnte allenfalls doch echt sein und wir müssen es selbst untersuchen. Da stellt sich nun sogleich ein sehr bedauerlicher Umstand ein. Die Erhaltung des Gemäldes ist mehr als trostlos. Übermalung und Verputzung haben gleichermassen an ihm gesündigt.

Was unter der Übermalung verborgen liegt, die besonders die Hände und die beschattete Seite des Gesichtes betroffen hat, wissen wir nicht. Die hellen Teile aber und die noch teilweise intakt erhaltene Zeichnung geben keine Hoffnung darauf, dass wirklich ein authentischer Jan van Eyck zum Vorschein kommen werde. Die Zeichnung ist matt, die Modellierung leblos, die Wirkung war wohl von jeher auf einen uneyckischen Gegensatz von hell zu dunkel gestellt, wenn auch unverständige Restauration diesen Gegensatz noch besonders stark betont hat. Es fehlen endlich die für Jan charakteristischen festen Striche, mit denen er die einzelnen Körperteile markiert. Lohnend ist der Vergleich der Behandlung des Ohres mit dem Porträt des Kardinals Santa Croce. Das Ohr sitzt nicht nur unnatürlich hoch, sondern es ist auch flau und flüchtig, ohne feinere Nuancen angelegt. Ebenso wenig besteht der ganz flach behandelte Mund den Vergleich mit dem des Kardinals. Die Formengebung arbeitet auf ausgleichende Wirkung und unterdrückt das Detail, das doch von Eyck niemals übersehen wurde, wenn es ihm auch nicht in den Vordergrund künstlerischen Interesses getreten ist. So kommt in das Porträt ein flaues und virtuoses Element, das mitunter auch wohl ganz widersinnig wird; z. B. verläuft die Linie, die das Kinn abgrenzt, nicht wie bei Eycks Profilen am Halse, sondern sie wird bis zur Mitte des Ohres fortgeführt. Der Maler verschmilzt also die für Jan so charakteristische Wangenfalte vor dem Ohre mit der Kinnlinie und kommt dadurch zu einem bei Jan ganz undenkbaren, absurden Resultat. Besondere Berücksichtigung verdient endlich das recht wohl erhaltene Auge. Man rühmt seinen sprechenden Ausdruck. Es ist hier nicht der Ort, darüber zu streiten, ob dieses günstige Urteil mit Recht gefällt wurde; es kann nur das Eine gesagt werden, dass die Behandlung des Auges als Körperteil des bei Eyck üblichen Reichtums der Plastik und der Farbenangabe völlig entbehrt und geradezu flach hingestrichen ist.

Nach alledem ist das Porträt des Jan de Leeuw, bis es gereinigt wird, aus Jans Werken zu streichen, und es erscheint mir ausserdem mit Rücksicht auf die beabsichtigte, lebhaftere Wirkung des geistigen Ausdrucks und auf den Kontrast zwischen den Licht- und Schattenpartien wahrscheinlich, dass die Reinigung ein Gemälde vom Ende des 15. Jahrhunderts herausstellen wird — wenn nicht überhaupt eine schlechte Fälschung. Der Befund der Kritik des Gemäldes steht also durchaus im Einklang mit den aus der Prüfung der Inschrift gewonnenen Resultaten.

Viel citiert und wenig gelobt wird der Rex regum in der Berliner Galerie, eine sehr durchsichtige Fälschung, die wohl nur deshalb noch nicht als solche erkannt worden ist, weil der Aberglaube bestand, dass Jan van Eyck, keinen Sinn für Grossartigkeit der Auffassung besitzend, immer gescheitert sei, wo es etwas Erhabenes zu gestalten gab[60]). Gewöhnlich wurde das Bild kurzweg als unsympathisch bezeichnet: erst der jüngste Biograph Eycks hob ausdrücklich hervor, dass die künstlerischen Qualitäten so gering sind, dass nur die auch von ihm für zweifellos echt gehaltene Inschrift die Zuschreibung an Eyck stütze[61]). Nun ist es nicht schwer darzuthun, dass diese Inschrift nicht echt sein kann, und somit dürfen wir aus dem herrlichen Gesamtwerk Eycks dieses widerwärtige Produkt streichen, das bis in die allerjüngste Zeit hinein nicht wenig dazu beigetragen hat, das Urteil über den grossen Meister zu trüben.

Auf dem unteren Rande des Rahmens steht in deutlichen, aber nüchternen Buchstaben, die zierlich sein wollen, ohne es jedoch zu sein, die Angabe: Johẽs de eyck me fecit et apleviit (sic!) anno 1438. 31. January. Davor steht die bekannte Devise als ikh kan in sehr unverstandener Schreibweise. Eyck gebrauchte bei ihr zwei später aus dem Gebrauch verschwundene Buchstaben: ein seltsames umgestürztes £ und das griechische C, dessen Rundungen aber gotischen Ecken gewichen waren. Der Kopist sah entweder diese Buchstaben nicht mehr deutlich oder verstand sie nicht: kurz, er schrieb etwas hin, das, wenn es überhaupt gelesen werden kann, *ahc* heisst, das aber auch zur Not als *ame* gelesen werden darf. Der Katalog der Berliner Gemäldegalerie vom Jahre 1891 schloss sich der letzteren Auffassung an und erklärte das merkwürdige Wort für eine Abkürzung aus alsame (= als), so dass die alte Devise wieder zum Vorschein käme. Jedoch ist nicht einzusehen, warum Eyck eine von ihm als Wahlspruch gebrauchte und obendrein volkstümliche Redeweise hätte abändern sollen, zumal er keine Raumersparnis damit beabsichtigt haben kann. Philologisch ist endlich die Abkürzung *ame* für *alsame* recht bedenklich. Es wurde darum später angenommen, dass die Inschrift ursprünglich zwar von Eyck geschrieben, aber von einem späteren Besitzer oder Restaurator derart umgeändert worden sei, dass aus dem griechischen C durch Einschiebung des Mittelstriches ein E wurde. Jedoch hat diese Annahme womöglich noch mehr Bedenkliches an sich, als die erste; denn wenn schon jemand an einer ihm unverständlichen Inschrift etwas korrigiert, um einen Sinn in das für ihn tote Wort zu bringen, so musste doch etwas irgendwie, wenn auch nur scheinbar Sinnvolles herauskommen: aber statt dessen ergab sich das rätselhafte *ahc* oder *amc*. Wir thun darum gut, auch diese Hypothese fallen zu lassen und zwar um so mehr, als eine in meiner Gegenwart in Berlin vorgenommene Untersuchung erwiesen hat, dass die Inschrift durchaus intakt ist und dass an ihr keine späteren, wenn auch noch so kleinen Veränderungen vorgekommen sind. Die Signatur steht nun auf dem Originalrahmen des Bildes und zwar sind die Buchstaben in derselben Weise behandelt, wie die auf dem Gemälde selbst angebrachten und wie die Strahlen des dreigeteilten Nimbus. Sie stammt darum von dem Maler unserer Replik selbst: wenn aber ihr Urheber nicht Eyck sein kann, so kann auch das Bild nicht von Eyck herrühren. Einen ganz ähnlichen Schreibfehler hat Weale auf einer in der Brügger Akademie befindlichen Wiederholung des Bildes gefunden und in seinem Katalog der Brügger Akademie als Beweis gegen deren Echtheit benutzt [62]).

Mit dem Befund der rein paläographischen und philologischen Betrachtung steht das Ergebnis eines unbefangenen Studiums des Gemäldes durchaus in Einklang. Das Brustbild Christi ist en face gegeben. Mit mildem, aber festem Blick schaut der König der Könige gerade vor sich hin; reiche Lockenfülle umrahmt das Gesicht und fällt in langen Strähnen auf Schultern und Brust. Ein roter, einfacher Leibrock umhüllt den schmächtigen Körper. Ein dreigeteilter Nimbus geht von seinem Haupte aus und soll zur Verstärkung des feierlichen Eindruckes helfen. Dieser hält aber nicht lange Stand; denn eine traurige Formenleere gähnt dem Beschauer entgegen. Die Hohlheit und Weichlichkeit der an sich nicht gerade ungefälligen Formen steht in unverkennbarem Widerspruch zu der gewollten strengen Auffassung. Auch die Einzelheiten vertragen sich nicht mit Eycks Stil. Hoch gezogen, rund und ziemlich dünn sind die Brauen, wie sie auf seinen Werken zu sein pflegen; aber die einzelnen Haare werden ängstlicher angegeben, als das bei Jan je vorkommt. Besonders sind die Augen von einer beklagenswert öden Mache. Jämmerlich ist endlich die Behandlung der Ohren, die mit ein paar flüchtigen, ausdruckslosen Strichen ins Haar hinein getuscht sind und überhaupt jeder Form, nicht nur der bei Eyck üblichen, völlig entbehren. Gewöhnlich pflegt den Zweiflern gegenüber auf das Haar hingewiesen zu werden; seine Behandlung soll rein Eyckisch sein. Das wird wohl auf dem alten Missverständnis beruhen, dass Eyck ein tüpfelnder Detailmaler gewesen sei. Wo wir auf echten Bildern, wie bei den Reitern des Genter Altars, reiches Haar dargestellt finden, da ist es als geschlossene Masse aufgefasst und mit derselben Plastik behandelt, die Eycks Kunst überhaupt kennzeichnet. Ein so ängstliches Ausziehen jedes einzelnen Haares, wie hier an Schnurr- und Kinnbart, gibt es bei Eyck ebenso wenig, wie die platte, flache Behandlung des Haupthaares. Endlich ist der zweifellos alte Hintergrund nicht so sorgfältig und schön behandelt, wie sonst stets bei Eyck. Nachdem die Inschrift nicht von Jan herrührt, das Gemälde aber keine Spuren seiner Hand, nicht einmal in mehr oder weniger unwesentlichen Einzelheiten trägt, so ist es aus der Liste der eigenhändigen Werke Eycks zu streichen [63]).

Wenn bei den bis jetzt besprochenen Werken die Inschrift einen gewissen Anhalt für die Zuweisung an Jan gab, so hat bei den im Nachstehenden zu besprechenden lediglich ein meistens nicht gar sicheres Stilgefühl die Benennung gegeben. Sie zerfallen, wie üblich in zwei Gruppen, in religiöse Bilder und in Porträts.

Unter den religiösen werden zumeist die heiligen Frauen am Grabe Christi im Besitz von Sir Francis Cook als frühes Werk des Jan genannt [64]). Ich kenne sie nur aus der Photographie, glaube aber sagen zu dürfen, dass die vielfachen, schriftlich und mündlich ausgesprochenen Zweifel sehr berechtigt sind. Schon die ganze Anlage, über die man ja auch nach Photographie urteilen kann, beweist, dass Jans strenger Geist nicht in ihr waltet. Der grosse, seines Deckels beraubte Sarkophag nimmt in allzu auffallender Weise die Mitte ein; auf ihm sitzt ein Engel, der mit dem der Berliner Verkündigung eine wenig vertrauenerweckende Ähnlichkeit besitzt und den Charakter unfreier Nachbildung trägt. Er wendet sich nach links zu den drei Frauen, die mit geistig recht unbedeutendem Ausdruck zu ihm aufsehen; im Vordergrund und rechts zur Seite liegen, beziehungsweise sitzen die drei schlafenden Wächter. Im Hintergrund baut sich eine turmreiche Stadt auf, die ebenfalls ein wenig an Eyck erinnert. Von Geschlossenheit der Wirkung, von Symmetrie und Harmonie, von Hervorhebung des Wesentlichen, von Zurückdrängung des Details, von Strenge und Energie kann keine Rede sein; vor allem fehlt die Wirkung des kostbaren Altarschreins, die selbst Eycks letzten und lieblichsten religiösen Gemälden eigen ist, und damit fehlt der eigentliche Beweis der Zugehörigkeit zu seinem Werk. Die Figuren liegen, knieen und stehen zerstreut auf dem Plan; Nebensächlichkeiten wie Helme, Schwerter, Schilde und Lanzen nehmen ein ihnen nicht gebührendes Interesse in Anspruch, das Eyck ihnen niemals gewährt hätte. Besonders aber steht das Arrangement des riesigen Sarkophages, der mehr als ein Sechstel der ganzen Bildfläche einnimmt, in grellem Widerspruch zu Jans Gepflogenheiten und fällt bei dem ohnehin nicht grossen Format (28 : 35 cm) sehr unangenehm auf. Man erinnere sich, welch bescheidener Raum auf der Anbetung des Lammes dem Altar und dem Brunnen des Lebens zuerteilt wurde, wie kräftig die Thronhimmel der Madonnen in den Hintergrund gedrängt werden, damit das Nebensächliche und das tote Stilleben nicht über die lebenden Figuren vorherrschen könne und vergleiche mit diesem Princip die Anordnung bei dem heiligen Grabe: das gerade Gegenteil von den Hauptgrundsätzen des Eyckischen Stils hat hier Geltung erlangt. Am deutlichsten aber spricht wie immer der Vergleich mit einer seiner gesicherten Arbeiten. Das Mittelstück der Anbetung des Lammes entrollt vor uns nicht nur eine wohlgegliederte Landschaft, sondern hat auch die vielen Personen und Gruppen so weise verteilt, dass sich eine Gesamtwirkung von prächtiger Harmonie einstellt, wobei den Figuren zwar der Vorrang eingeräumt, aber die Landschaft nicht unterdrückt wird. Bei den trauernden, heiligen Frauen ist das Verhältnis der Figuren zur Landschaft überhaupt nicht abgewogen und daher kommt der Charakter des Zufälligen, Zerstreuten und Haltlosen. Bei den Figuren ist der gleiche Mangel an Rhythmus zu konstatieren und ferner eine Kleinlichkeit der Auffassung, die vielleicht manchem zierlich erscheinen mag, aber jedenfalls mit Eyckischer Lieblichkeit nichts zu thun hat.

Man hat als Hauptgrund für die Zugehörigkeit zu Jan die Schönheit der Farbe angegeben. Da ich das Original nicht kenne, kann ich über die Qualität des Kolorits kein Urteil fällen; aber selbst wenn es so schön sein sollte, wie behauptet wird, so könnte das gegen die angeführten Widersprüche nicht ins Gewicht fallen. Die Pracht der Farbe ist eben das Gemeingut der altniederländischen Schule [65].

Die Gruppe der schlafenden Wächter erinnert in der Tracht vielfach an die der Juden auf dem einst so berühmten Brunnen des Lebens in Madrid, der bald dem Hubert, bald dem Jan van Eyck zugeschrieben wurde, aber mit keinem von beiden mehr gemein hat, als eben Imitationen mit ihren Vorbildern zu haben pflegen [66]. Das höchst unerfreuliche Werk soll nach einer alten Notiz auf ein vielleicht noch in Spanien erhaltenes Original des Jan zurückgehen. Mir dünkt das aber sehr unwahrscheinlich; denn die Figuren der Maria und des

Christus, sowie der Bischöfe, endlich auch das Beiwerk, wie der Lebensbrunnen selbst enthalten zu viele direkte, kopienhafte Übereinstimmungen mit dem Genter Altar. Jan aber hat sich selbst nirgends wiederholt. Er hat seinen Arbeiten stets den Stempel seines Geistes aufgedrückt, so dass sie durch ein — unsichtbares — Band unter sich verbunden sind, aber er hat nicht die Spur von einem sogenannten eisernen Bestand. Nicht einmal die beliebten Baldachine, Teppiche und Metallgeräte kehren in der gleichen Form bei ihm wieder. Auch im Typus seiner religiösen Figuren hat er stets neue Varianten und Entwickelungen gebracht. Darum wird der Brunnen des Lebens als ein von einem Nachahmer mit Benützung einzelner aus dem Genter Altar geraubter Figuren zusammengestelltes Werk anzusehen sein.

In nahen Zusammenhang mit den Frauen am Grabe pflegt man auch die Petersburger Kreuzigungsflügel zu bringen. Sie sind von dem russischen Gesandten Tatistscheff in Spanien gekauft worden und kamen mit der Galerie dieses Kunstfreundes als Werke Jans in die Eremitage [67]). Sie bilden die Flügel einer seinerzeit in Tatistscheffs Besitz befindlichen, heute aber verschollenen Anbetung der Könige und wurden lange Zeit auf Petrus Cristus zurückgeführt. Erst Justi hat wieder mancherlei Eyckische Züge in ihnen nachzuweisen versucht und hat sie als gute Originale Jans in die Kunstgeschichte weiter eingeführt. Nun hat Justi gewiss Recht, wenn er die beiden Flügel dem Petrus Cristus abspricht, aber irgendwelche Spuren von eigenhändiger Ausführung durch Jan oder auch nur davon, dass die Conception ihm zuzuschreiben sei, lassen sich nicht finden [68]). Die beiden Bilder sind technisch ganz unbedeutend und herzlich schwach; ausserdem sind sie durch einen russischen Restaurator auf wunderliche, sogar komische Weise restauriert worden, und wenn je etwas Gutes an ihnen gewesen sein sollte, so ist davon heute nichts mehr zu spüren. Der Ideengehalt aber ist für Jan deswegen ohne Beweiskraft, weil die Scenerie typisch in allen Kreuzigungsstücken jener Zeit vorkommt, und zwar auf Bildern, die sicherlich von Jan in keiner Weise beeinflusst sind; man vergleiche z. B. Pfennings Bild im Wiener Hofmuseum.

Der linke Flügel stellt im Mittelgrund die Kreuzigung dar, und zwar den Moment, wo Longinus die Seite des Herrn mit der Lanze durchbohrt. Reiter, die von fern an den Genter Altar erinnern, umringen die drei Kreuze; im Vordergrunde stützt Johannes die trauernde Maria. Eine auffallende Figur ist die neben ihm knieende Magdalena, die jammernd und verzweiflungsvoll die Hände ringt. Im Hintergrund dehnt sich das turmreiche Jerusalem aus.

Der rechte Flügel stellt das jüngste Gericht dar. Christus thront im Himmel, seine Wundmale der schuldbeladenen Menschheit zeigend. Johannes und Maria knieen flehend zu seinen Seiten; Engel schweben über und neben ihm, die Marterwerkzeuge haltend, andere verkünden mit dem dröhnenden Schall der langen Tuben das Einbrechen des jüngsten Tages. Ein Chor von Seligen schwebt im Halbkreis geordnet unter ihm, huldigend oder auch für die sündige Welt Verzeihung erbittend. Aus der Erde und dem Meere tauchen die Leiber der Auferstehenden auf. Endlich hat der Maler noch Platz gefunden, auch die Hölle auf dem kleinen ihm zur Verfügung stehenden Raum darzustellen. Der Tod, ein riesiges Gerippe mit Fledermausflügeln, reisst den weiten Höllenschlund auf, in den die Verdammten stürzen, und wo bereits Viele ihren grässlichen Peinigern überantwortet sind. Auf den weit ausgespannten Flügeln des Todes steht, das Schwert schwingend, der Erzengel Michael in eine reiche Prunkrüstung gehüllt. Die Überfülle des Stoffes widerspricht an sich der Einfachheit des Eyckschen Stils, und das um so mehr, als die Scene besonders auf dem Kreuzigungsflügel recht unübersichtlich angeordnet erscheint. Die Ausführung ist von äusserster Flachheit und Flüchtigkeit, das Kolorit bunt und ohne jede Beteiligung an der ohnehin recht mangelhaften Modellierung. Die Zeichnung ist handwerksmässig und von grösster Nachlässigkeit, besonders auf dem Höllensturz, wo Personen ohne Rumpf vorkommen, so dass Arm und Bein am Kopf selbst zu sitzen scheinen. Die vielfachen Verzeichnungen, die übrigens nicht durch den kleinen Masstab erklärt werden dürfen, sind nicht das einzig Anstössige. Gestalten endlich wie die knochenlose, wurmartig gewundene Madonna oder die unbeholfen dastehenden Männer unter dem Kreuze sprechen ebenso sehr gegen Jan, wie die platte, dünne und interesselose Behandlung der Landschaft. Diese hat keinen Fernblick, sie wird gegen Eycks Sitte im Hintergrunde frühzeitig durch eine hohe Bergeswand abgeschlossen, so dass dem specifischen Characteristicum der Eyckischen Landschaft — durch immer neue Überraschungen und Erweiterungen des Hintergrundes das Auge in weite Ferne zu locken — hier direkt widersprochen wird. Mit dieser Unempfindlichkeit hängt die Undeutlichkeit zusammen, mit der das Terrain behandelt wird, so weit es sichtbar ist. Gegenüber alledem erscheint es als geringfügig, dass das im Hintergrund angebrachte Städtebild von ferne an die Rollin-Madonna erinnert. Dieses Motiv findet sich ja nicht bei Eyck allein und hat schon darum keine Beweiskraft. Auch entfernt sich die trockene, ängstliche Zeichnung weit von der lichten Räumlichkeit auf der Rollin-Madonna und bei Rothschilds Karthäuser.

Mit den Petersburger Flügeln wird ferner auch eine vom Kaiser Friedrich-Museums-Verein kürzlich aus dem englischen Kunsthandel erworbene Kreuzigung in Verbindung gebracht. Tschudi hat sich über das hübsche, aber künstlerisch belanglose Bild in einem Artikel des Jahrbuchs der preussischen Kunstsammlungen ausführlich verbreitet und kommt zu dem Schlusse, dass Komposition und Ausführung von Eyck herrühre [69]. In gleichem Sinne hat sich Friedländer in den Berichten des Kaiser Friedrich-Museums-Vereins (1898) geäussert. Es ist schade, dass die beiden gelehrten Kenner der altniederländischen Malerei ihre Autorität für diese Benennung einsetzten und doch keine entscheidenden Beweise für ihre Meinung beibringen.

Ich habe die Bilder in Berlin und Petersburg unmittelbar nacheinander gesehen und habe mich weder von ihrer Zusammengehörigkeit unter sich, noch von ihrer Zugehörigkeit zu Eyck überzeugen können. Aus der Petersburger Kreuzigung ist jedenfalls kein stichhaltiger Grund anzuführen, der die Zuweisung des Berliner Neuerwerbs an Eyck stützen könnte. Die Berliner Kreuzigung erweist sich ihrerseits als ein konventionelles religiöses Bild des 15. Jahrhunderts. Ihr Charakter ist im allgemeinen larmoyant und widerspricht Eycks kräftiger Empfindung. Die Komposition ist so wenig geschlossen, dass sie vielmehr eine Erweiterung nach rechts erfordert. Unter dem Kreuze stehen nämlich links die weinende Maria, die sich ihrem Sohne zuwendet, und rechts der in jedem Sinn des Wortes jammervolle Johannes, der sich vom Kreuze abwendet. Der Geist Eyckischer Komposition aber würde verlangt haben, dass auch er sich dem Kreuz zukehre, damit die Gruppe geschlossen werde [70]). Vielleicht aber war das Bild ursprünglich breiter und es ist uns nur seine Mittelgruppe erhalten. Die Anlage würde dann ungefähr der Kreuzigung des Stephan Lochner (?) im germanischen Museum geglichen haben; dann wäre die Komposition erst recht nicht Eyckisch. Wie man den Fall auch betrachten mag, so erweist sich die, nicht nach dem Mittelpunkt zurückführende Eckfigur des heiligen Johannes als unverträglich mit Eyck. Tschudi und Friedländer führen nun einige Ähnlichkeiten mit Details aus dem Genter Altar zur Bekräftigung ihrer Ansicht an, aber diese sind erstens wenig einleuchtend, zweitens aber beweisen sie nur den Schulzusammenhang, nicht aber die persönliche Ausführung durch Jan van Eyck.

Eine alte Nachricht erzählt uns, dass Eyck den

heiligen Franciscus zweimal gemalt hat[71]. Beide Bilder befanden sich im Besitze des Brügger Patriziers Adornes, der sie testamentarisch seinen Töchtern vermachte. Jedoch enthält das Testament keine nähere Beschreibung, und selbst, wenn angenommen werden darf, dass Adornes den Eyck mit Recht für den Maler gehalten hat, so sagt seine Bemerkung nicht mehr, als dass Eyck den heiligen Franciscus zweimal dargestellt hat, und dass diese Darstellungen vermutlich Pendants waren. Ob aber eine Legende aus dem Leben des Heiligen oder — wie nach dem Wortlaute wahrscheinlicher ist — ob eine Einzelgestalt das Motiv des Bildes war, darüber wissen wir nichts.

Es gibt nun drei altniederländische Gemälde, die die Stigmatisation des heiligen Franz zum Gegenstand haben[72]. Eines bei Lord Heytesbury in Schottland, ein zweites in Turin und ein drittes, sehr unbedeutendes im Prado[73]. Man glaubt, dass die beiden ersten die des Adornes seien. Ich kenne das schottische Bild nur aus der Beschreibung; es soll sich sehr nahe mit dem Turiner berühren; aber es ist viel kleiner und auch wenn einige angestückte Partien in Abrechnung gebracht werden, so stimmt es mit diesem im Format nicht überein, denn es ist mehr hoch als breit, während das Turiner mehr breit als hoch ist. Sie können also nicht gut Pendants gewesen sein. Gegen die Annahme, dass die beiden Bilder diejenigen seien, die Adornes nennt, spricht endlich der Umstand, dass sie in der Komposition und in den Typen so ganz gleich sind; denn es bleibt unwahrscheinlich, dass Eyck sich selbst wiederholt habe.

Über das Bild bei Lord Heytesbury, von dem ich nicht einmal eine Photographie gesehen habe, muss ich mich jedes Urteils enthalten. Das Turiner Bild aber kenne ich. Es ist eine sehr hübsche, sympathische Arbeit, und besitzt so viele Anklänge an Eyck, dass Hymans es, noch ehe ihm das Testament des Adornes bekannt war, schon für unsern Künstler in Anspruch genommen hatte. Direkte

Übereinstimmungen mit dem Charakter gesicherter Gemälde Eycks sind nicht zu entdecken; im Gegenteil drängte sich mir überall mit der Erinnerung an eine Eyckische Anregung auch der Gedanke auf, um wieviel energischer und feiner der grosse Meister das betreffende Motiv ausgeführt hätte. Zunächst passt die Anordnung nicht zu Jan: die archaische Symmetrie und Harmonie in Gruppierung und Haltung der Personen fehlen. Aber ganz und gar widerspricht es ihm, dass die Haltung des Heiligen nicht zu dem dargestellten Moment passt. Es soll die Stigmatisation geschildert werden, wie die für diese Situation typische Landschaft und der ebenfalls traditionelle Schläfer beweisen. Der Heilige aber wird nicht stigmatisiert, sondern er hat die Wundmale schon früher empfangen und verharrt im Gebete.

Der innere Widerspruch zwischen Handlung und Darstellung fällt um so stärker ins Gewicht, als der Franziskanerorden schon vor Eycks Zeit einen Canon für die Darstellung der Stigmatisation ausgearbeitet hatte, der bis zur Mitte des 15. Jahrhunderts in Geltung geblieben ist und der die Haltung des nur auf Ein Knie gestützten Heiligen so angeordnet hat, dass beide Hände sich den Strahlen flach entgegenstrecken und dass auch beide Füsse den Strahlen erreichbar sind. Es ist nicht gut einzusehen, warum Eyck von einem durch ganz Europa verbreiteten Typus, der den Inhalt der Legende aufs glücklichste erzählte, gelassen haben sollte, um eine Darstellung zu wählen, die seinem eigenen Geiste und dem der Legende gleichermassen wenig entsprach. Das ist um so weniger verständlich, als der gebräuchliche Typus keineswegs starr galt, sondern Variationen zuliess, wie das bei den verschiedenen Behandlungen des Themas durch Giotto ersichtlich wird. Es ist ferner in Erwägung zu ziehen, dass neben dem Typus des stigmatisierten Franciscus vor und nach Eyck — schon bei Giotto nachweisbar — auch noch der des adorierenden Franciscus geschaffen war. Und dieser zweite ist es, dem wir auf unserem Bilde begegnen, das doch die Stigmatisation darstellt; hierdurch erweist die Turiner Darstellung sich als eine wenig verstandene Contamination der beiden Typen, wie sie weder Eyck noch seiner Zeit zuzutrauen ist. Dazu stimmt denn auch der ganze Charakter des Bildes. Die leuchtende Pracht und Kraft des Eyckischen Kolorits ist einer freilich recht wohlthuenden Lieblichkeit gewichen, die strenge, religiöse Feierlichkeit seiner Auffassung hat sich gelockert und statt der einfachen Grösse seiner Formanschauung ist die elegante Zierlichkeit der Epigonen getreten. Die Landschaft beginnt bereits das Übergewicht zu erhalten, und obwohl die künstlerische Durchführung weit unter dem steht, was Jan zu leisten vermochte, ist eine gewisse Weiterentwicklung gegenüber seinen Prinzipien nicht zu verkennen. Seine in manchen Punkten lähmende Rücksicht auf die kirchliche, wohl auch etwas starre Wirkung des Altarbildes hat dem freien, malerischen Streben, ein Gemälde als solches zu schaffen, Platz gemacht. Die Kunst will nicht mehr der Religion dienen, sondern arbeitet nach ihrem eigenen Gefallen und ihren eigenen Gesetzen; die kirchliche, mittelalterliche Tradition ist endgültig durchbrochen. Das aber ist das Charakteristikum der auf Eyck folgenden Künstler, und wir müssen den Turiner Franciscus darum in eine etwas spätere Epoche setzen.

Die technische Durchführung beweist ebenfalls, dass das Bild nicht von Jans Hand stammt. Die Zeichnung ist sehr unbedeutend und teilweise fehlerhaft. Nicht nur sind die Hände ganz schematisch und verunglückt, sondern auch die Körperhaltung ist inkorrekt. Die Figur des kauernden Schläfers hat wenig mehr, was einem Menschen ähnlich ist, und ebenso wird das Knieen des heiligen Franziskus nur mangelhaft dargestellt. Die Füsse können unmöglich an der Stelle sein, wo sie der Maler angebracht hat. Man hat bei ihnen an die berühmten Füsse der knieenden Alten auf der Anbetung des Lammes gedacht, aber wie weit sind sie von der kräftigen Ausführung und von der Energie entfernt, die dort so sehr bewundert wird. Die Perspektive weist weder Eycks Fehler, noch seine Vorzüge auf. Alles liegt vielmehr auf Einem Plan und auf Einer Höhe; malerisch und plastisch genommen ist das Bild flach. Dass ein im Eyckischen Sinn angelegtes Städtebild erscheint, beweist gar nichts; denn solche Ansichten gehörten zum Inventar der Künstler jener Zeit, wie wir sie so ausserordentlich häufig auf den Gemälden der niederländischen und deutschen Schulen des 15. Jahrhunderts finden. Die kleinen Figürchen in der Landschaft erinnern an die Rollin-Madonna, aber nur von fern; denn während sie bei dem Pariser Bild mit wenigen, aber kräftigen, farbigen Strichen deutlich gezeichnet sind, so hat hier das Auge grosse Mühe, sie überhaupt zu erkennen. Die Felsen sind an sich nicht schlecht gemacht, aber wie wenig gehört dazu, die flachen Steinplatten aufeinander zu legen. Zudem muss betont werden, dass gerade die — wenn wir wollen — romantische Auffassung der Landschaft einer späteren Zeit angehört, die bei uns durch Dürer, in den Niederlanden durch Patinir gekennzeichnet wird. Dieser Zeit gehört das Bild an, wie schon oben bemerkt wurde.

Nur im Vorübergehen sei noch eines segnenden Christus der Berliner Galerie gedacht. Man hat früher das Bild dem Jan van Eyck zugeschrieben; heute ist man mit Recht davon zurückgekommen [74]. Nicht einmal seine Erfindung geht auf Eyck zurück.

Im Anfang dieses Jahrhunderts ist in Deutschland ein traditionsloses Porträt aufgetaucht, das dem jüngeren Holbein zugeschrieben war. Es gelangte über die Sammlung Suermondt in die Berliner Galerie und ist weltberühmt unter dem Namen: der Mann mit den Nelken. Die Zuschreibung an Holbein war willkürlich; ob aber Jan van Eyck als der Urheber gelten kann, soll im Folgenden untersucht werden [75].

Das Porträt stellt einen alten Herrn dar. Er trägt eine umfangreiche Pelzhaube und hebt seine beiden Hände in eigentümlich befangener Bewegung über den Rand der Umrahmung, die das Porträt einfasst. Seine Rechte hält einige Nelken -- vielleicht als Liebessymbol — der Kopf ist nach links gewendet; seine Augen blicken aber nach rechts mit einem Ausdruck, der ebenso starr und befangen ist, wie die Bewegung der Hände.

Der erste Anblick gibt uns auf die Frage der Zugehörigkeit zu Eyck zwei ganz entgegengesetzte Antworten. Der Charakter des Colorits geht durchaus nicht mit Eyckischer Farbe zusammen. In Berlin hat man genügend Gelegenheit, sich darüber zu vergewissern, und man findet unter jeder Beleuchtung die Farbe des Mannes mit den Nelken kalt, unrein, hart und gefühllos, im Gegensatz zu der warmen, blühenden Pracht des Colorits bei der Kirchenmadonna und beim zweiten Porträt des Arnolfini, die beide auf der gleichen Wand hängen.

Ganz anders lautet jedoch die Antwort, wenn die zeichnerische Behandlung untersucht wird. Wenn wir einstweilen die Frage nach eigenhändiger Ausführung ausser Acht lassen, so müssen wir unbedingt eine überraschende Verwandtschaft mit Porträts, die für Eyck gesichert sind, konstatieren. Vor allem kommt hier der sogenannte Cardinal Santa Croce in Betracht. Die Ähnlichkeiten in der Behandlung der Nase, der Ohren, des Mundes und des Kinnes sind so schlagend, dass für die allgemeine Bezeichnung zunächst nur der Name Eyck übrig bleibt.

Bei einer genauen Prüfung der Zeichnung ergeben sich jedoch ganz wesentliche Verschiedenheiten sowohl gegen Eycks Stil im allgemeinen, als auch gegen das Porträt des Cardinals Santa Croce im besonderen. An Stelle der wechselreichen und vielsagenden, höchst energischen und scharfen Linienführung ist ein System getreten, das in der Hauptsache mit einer immer wiederkehrenden, gebogenen Linie arbeitet. Eine gewisse an Eyck — von fern — erinnernde Eckigkeit ist nur insofern gegeben, als diese eintönigen Kurven nicht geschmeidig ineinander verlaufen, sondern mit ihren Enden scharf aneinander gestossen sind.

Beginnen wir mit der für Jan stets so sehr charakteristischen Kontur der rechten Gesichtshälfte. An der Stirne verläuft sie nicht fest, wie sonst, sondern matt concav, schneidet nicht scharf in den Augenbogen ein, sondern stellt diesen als flache Mulde dar; dieselbe concave Linie wiederholt sich langgezogen der Wange entlang und noch zweimal am Kinn, ohne auf Betonung der Knochen oder Charakterisierung des Fleisches Rücksicht zu nehmen. Ähnlich ist die Nase gezeichnet. Die Linie besteht aus zwei linkisch und unbeholfenen convexen Zügen, die zwar den Eindruck einer klobigen Nase ergeben, aber gerade für deren offenbar sehr ungefüge Gestalt zu flau sind. Dass ferner diese Nase so verschroben im Gesicht sitzt, kommt wohl nur auf Rechnung der ungelenken Zeichnung. Man vergleiche nur die klare Festigkeit und Konsequenz, mit der Croces Porträt in dieser Hinsicht behandelt ist. Ganz bedenklich erscheint endlich der Nasenansatz. Die Linie ist einfach als Fortsetzung des Augenbogens gedacht, ohne zu betonen, dass hier ein neuer Körperteil ansetzt; bei dem Cardinal Croce dagegen wird mit wenigen, aber höchst energischen Strichen Selbständigkeit einerseits und die Verbindung mit der Stirne anderseits aufs schärfste ausgesprochen. Diese bald concave, bald convexe, niemals scharfe Linie kehrt auch bei den Händen geradezu aufdringlich immer wieder. Man kann nichts maniriertere sehen als die Knöchel der linken oder die dick hervortretenden Adern auf dem Rücken der rechten Hand. So sehr nun die allgemeine Anlage des Kopfes an Eyck erinnerte, so fremdartig berührt es, einem solch virtuosen, ausgeschriebenen Schema auf einem Werke zu begegnen, das seinen Namen tragen soll. Er war gewiss ein Mann der Gegensätze und der Vielseitigkeit, aber eine Eigenschaft enthüllt sich in jedem Bilde: die Rücksichtnahme auf den jeweilig zu behandelnden Fall. Hier war nun seine Aufgabe das Porträt eines

Mannes mit eckigen, harten Zügen: dass Eyck für solchen Zweck die nervlose, runde Linie gebraucht haben sollte, kann ich nicht glauben.

Dazu kommen nun allerlei Misstände, die ebenfalls bei Eyck bislang nirgends bemerkt werden konnten. Die Hände sind durchaus unrichtig gezeichnet und eines grossen Meisters unwürdig. Sie sind vor allem auffallend schwächlich. Klein pflegen sie ja auch bei Eyck zu sein; aber zwischen klein und schwächlich, zwischen klein und fehlerhaft, zwischen klein und kleinlich besteht doch ein grosser Unterschied. Keine dieser Mängel durften wir dem Jan van Eyck bis jetzt anmerken. Die Finger des Nelkenmannes wachsen nicht organisch aus der eigentlichen Hand heraus, sie sind vielmehr so ungelenk in den Handteller eingefügt, wie man die Glieder der hölzernen Spielpuppen vermittels Zapfen aneinander befestigt. Dass der Mittelfinger der Rechten glied- und gelenklos ist, soll weniger betont werden, aber es darf nicht verschwiegen bleiben, dass die beiden Daumen, besonders der der Linken, seit langem den Kennern bedenklich und unverständlich sind. Besser als alle Zergliederung klärt uns auch hier wieder der Vergleich mit einem gesicherten Werke auf. Wer die so prachtvolle Hand des Londoner Timotheus versteht und liebt, wird nur ungern glauben, dass die des berühmten Berliner Porträts von demselben Meister gemalt sein könne. Nicht besser wird das Urteil über die Bildung der Augen auffallen, und es sei hier nur darauf hingeweisen, dass die wundervolle, plastische Modellierung der runden Augäpfel fehlt, die doch sonst für Eyck so charakteristisch ist. Am schlimmten aber steht der Fall bei den Ohren. Der Kopf ist so stark nach links gewendet, dass das rechte Ohr nicht gut sichtbar werden kann. Es mag zwar sein, dass vielleicht hier ein wunderliches Naturspiel obgewaltet hat; aber wahrscheinlich ist es, dass das Ohr nur deswegen von dem Künstler dargestellt wurde, um die eintönige, rechte Gesichtshälfte zu beleben. Bedenklicher ist des Mannes berühmtes, weit abstehendes linkes Ohr. Man hat sich früher nie genug thun können, an ihm die scharfe Charakteristik zu rühmen. In der That ist es jedoch recht flau behandelt. Durch seine monströse Bildung muss es ja frappierend wirken, aber die Drastik liegt sozusagen hier am Sujet. Von Einzelheiten einstweilen abzusehen, sei zunächst darauf hingewiesen, dass das Ohr flach hingestrichen ist und die Wendung des Kopfes nicht mitmacht. Bei allen Porträts von Eyck aber ist gerade darauf ein besonderer Wert gelegt, dass das Ohr nicht nur an sich organisch sei, sondern dass es so sitze, wie es bei der jeweiligen Haltung des Kopfes sitzen muss. Was aber die Behandlung der Details betrifft, so erinnert sie in nichts an die Eyckische Schärfe und Individualisierung. Man vergleiche den Wiener Kardinal in dieser Hinsicht mit dem Nelkenmann und man wird überrascht sein von der Leere und geringen Festigkeit, die sich bei dem letzteren offenbart. Noch deutlicher spricht sich dieses ungünstige Verhältnis aus, wenn das Ohr des Nelkenmannes mit dem des Canonicus Pala verglichen wird.

Die Bedenken, die uns das kalte, unharmonische Colorit schon beim Beginn unserer Betrachtung gegen die eigenhändige Ausführung durch Jan erweckt hat, werden also durch ein genaues Studium der Zeichnung noch vermehrt. Wie verhält sich nun dazu der Gesamteindruck des Porträts? Früher wurde es als ein Muster des gründlichsten Naturstudiums gepriesen. Dieses günstige Urteil ist seit einiger Zeit schon ziemlich eingeschränkt worden und Kämmerers Publication über Eyck spricht sogar davon, dass im Nelkenmann die Klippe der Feinmalerei (sc. den Eindruck pulsierenden Lebens durch kleinliche, plastische Härte zu beeinträchtigen) minder glücklich als anderweitig vermieden ist. Diese Änderung des Urteils scheint mir nicht ohne Belang zu sein. Der Nelkenmann erweckt in der That kein besonderes geistiges Interesse; er vermag sogar langweilig und widerwärtig zu werden. In Berlin hat man natürlich diese Beobachtung schon lange gemacht und man pflegt dort zu sagen, dass Eyck den armen Mann so lange hat Modellsitzen lassen, bis dieser ganz blöde geworden war. Das steht nun im lebhaften Widerspruch mit Allem, was wir von Eyck wissen. Seine sämtlichen Porträts haben offenbar an die Ausdauer der Dargestellten sehr grosse Ansprüche erhoben, aber nicht eines macht einen so krampfhaft angespannten und blöden Eindruck. Eycks unendliche Geduld suchte und fand das Leben in den verborgensten Stellen; je länger er arbeitete, desto lebendiger wurde das Bild, und nun sollte auf einmal das Gegenteil der Fall sein. Man hört aber sagen, dass der Nelkenmann eben schon von Natur eine so unglückliche Physiognomie besass, dass sein Porträt gerade durch Eycks Realismus langweilig und unerfreulich werden musste. Der Einwand klingt plausibel, jedoch halte ich ihn für ganz bedeutungslos; denn auch die Formen des dümmsten und hässlichsten Menschen können künstlerisch und lebensvoll dargestellt werden.

Körperlich war ja der Mann mit den Nelken ein Mensch wie ein anderer auch, und für einen Künstler, zumal für einen Künstler wie Eyck, handelt es sich doch in erster Linie um die Wiedergabe der äusseren Erscheinung. Das leibliche Leben vollzieht sich beim Genie und beim Idioten nach denselben Gesetzen, die niemand besser und eingehender dargestellt hat als Jan van Eyck. Dieses rein animalische Leben vermisse ich bei dem Nelkenmann. Der Hauptfehler des Bildes, die Starrheit, ist nicht etwa allein ein geistiger Defekt, sondern rührt von einem Mangel an Beherrschung der Formen her. Er ist vom Künstler verschuldet und nicht von der Natur des Modells bedingt.

Fassen wir das Vorstehende zusammen: Der Nelkenmann hat eine dem Eyck fremde Farbe, ist in der Durchbildung der Formen virtuos und dabei kleinlich, hält weder in Einzelheiten noch in der Gesamtauffassung einen Vergleich mit den echten Werken Jans aus und die

Bildung der Hände und Ohren gibt zu schweren Bedenken Anlass. Darf nun das traditionslos überlieferte Werk einzig deswegen Eyck zugeschrieben werden, weil es sich in der äusseren Anlage vielfach mit dem Porträt des Kardinals Santa Croce berührt! Oder müssen wir nicht vielmehr sagen: weil diese Ähnlichkeit so auffallend, aber zugleich so äusserlich ist, weil ähnliche Mittel so ganz Verschiedenes ergeben, so sind die Künstler als verschiedene Personen anzusetzen.

Ich muss noch auf den alten Einwand eingehen, der in solchen Fällen immer wieder erhoben wird. Kann nicht auch Jan van Eyck einmal eine unglückliche Stunde gehabt haben? Gewiss ist das möglich, aber es handelt sich bei der Taufe eines Bildes nicht um Vermutungen, sondern um Beweise. Die Möglichkeit, dass Eyck einmal hinter sich selbst zurückgeblieben sei, beweist nicht, dass das wirklich jemals vorgekommen ist, sie beweist vor allem nicht, dass gerade unser Bild eine solche minder glückliche Arbeit seiner Hand sei.

In den alten Handbüchern genoss seinerzeit eine in England befindliche Madonna mit einem Karthäuser sehr hohes Ansehen. Sie ist seitdem in die Berliner Galerie gelangt; aber je mehr und je länger die Burleighhouse Madonna der Allgemeinheit zugänglich war, desto zahlreicher wurden die Zweifel an ihrer Echtheit und vor allem an ihrer Güte. Tschudi, der sie in zwei Artikeln der Jahrbücher der preussischen Kunstsammlungen eingehend behandelt und als Originalwerke Jans anerkannt hatte [76]), zieht in seiner Besprechung der Altniederländer in dem Berliner Galeriewerk dieses Urteil zurück [77]). Mit Recht. Man schreibt die Burleighhouse Madonna jetzt dem Petrus Cristus zu, und sie steht wirklich diesem unbeholfenen Eyck-Nachfolger am nächsten.

Alte Nachrichten erzählen von einem prachtvollen Altargemälde, das Jan van Eyck im Jahre 1445 für die Martinskirche in Ypern gemalt habe. Irgend etwas muss an dieser Notiz unrichtig sein; denn Jan ist schon 1440 gestorben. Vaernewyk hat uns sogar eine Beschreibung davon gegeben. Diese stimmt nun so ziemlich zu einem dreiteiligen Altarwerk im Besitz der Frau Schollaert in Löwen. Ich konnte wegen Erkrankung der Besitzerin das Bild leider nicht sehen und muss mich mit dem Eindruck bescheiden, den die allerdings mangelhafte Abbildung in Lafenestres illustriertem Katalog der belgischen Museen gibt. Darnach sind die lauten Zweifel, die schon seit langer Zeit sich gegen Jans Urheberschaft äussern, vollauf berechtigt [78]).

In den letzten Jahren hat man sich wieder recht eifrig mit Eyck beschäftigt, und manches bis dahin unbekannte oder wenig beachtete Werk wurde als echter Jan van Eyck in die Litteratur eingeführt. Da ist zunächst das schöne, männliche Bildnis der Gymnasialgalerie Hermannstadt zu nennen. Es ist mit dem gefälschten Dürermonogramm und der Jahreszahl 1492 versehen. Frimmel schrieb es, unter sehr unglücklicher Bezugnahme auf das unechte Wiener Porträt des Jan de Leeuw, dem Eyck [79]) zu, und in Berlin, wohin das Porträt zum Vergleich mit den dortigen Werken Jans geschickt worden war, schloss man sich dieser Taufe an. Nun ist schon der Bezug auf das sicherlich unechte Porträt des Leeuw recht unglücklich.

Das Hermannstädter Porträt stammt wirklich aus dem Ende des 15. Jahrhunderts, wie die Jahreszahl angibt; der „melancholische Ausdruck" ist nicht unbemerkt geblieben, aber man hat nicht die Konsequenz gezogen, dass dieses Betonen der Gemütsstimmung eben dem letzten Viertel des 15. Jahrhunderts angehört. Der ganze geistige und körperliche Habitus findet sich häufig wieder in den Bildern, die unter dem Kollektivnamen Gerard David gehen. Die Sendelbinde, die man als äusseren Beleg für die Urheberschaft Jans anführt [80]), kommt ebenfalls noch häufig auf den Brügger Arbeiten aus Memlings und Davids Zeit vor. Die Malweise ist — soweit ich nach der Photographie urteilen kann — ziemlich spät und hat schon einen Stich in virtuose Leichtigkeit; besonders fällt das bei den Händen auf. Die langen, breiten Schattenstriche, die die einzelnen Finger trennen, sind durchaus uneyckisch. Die Zeichnung ist gefällig und sehr reinlich, aber eintönig und nicht kräftig. Die Modellierung geht nicht wie bei Jan auf die Einzelheiten ein, sondern strebt nach Vereinfachung. Wenn wir aber die Einzelheiten der Anordnung prüfen, so ergibt sich eine zu Jan nicht passende, lockere Zerstreutheit. Hierüber klärt am besten das Londoner Porträt des Timotheus auf, der ja ebenfalls eine Sendelbinde trägt. Ihm gegenüber erscheint das Hermannstädter Porträt nicht sehr geschmackvoll und sogar gleichgültig. Wenn wir z. B. auf das letzte Detail eingehen wollen, so müssen wir den Ausputz der Sendelbinde mit dem an dem Kleide von Arnolfinis Frau vergleichen. An sich sind die Verzierungen identisch; aber wie diskret treten sie bei dem Verlöbnisbilde zurück, wie unschön und spitzig erscheinen sie auf dem Hermannstädter Porträt.

Scheibler sieht in Nr. 1905 der Dresdener Galerie, einem männlichen Bildnis auf hellblauem Hintergrunde, entweder ein Originalwerk Jans oder mindestens eine Kopie nach ihm [81]). Mit Recht wird das Bild jetzt an das Ende des 15. Jahrhunderts versetzt und es scheint mir sogar, dass das vortreffliche Bildnis in den Anfang des 16. gehört. Memlings Hand, wie Seidlitz will [82]), kann ich nicht in ihm erblicken.

Das städtische Museum in Leipzig besitzt das Fragment eines alten Gemäldes: das Bildnis eines betenden Stifters. Es galt lange Zeit für die Arbeit eines deutschen Meisters. Als aber das Bild vor einigen Jahren von Professor Hauser in Berlin restauriert wurde, kam eine so gefällige Farbe heraus, dass man das kleine Stück dem Jan van Eyck zuschreiben wollte [83]). Als solcher hängt es nun auch in Leipzig. Hübsch ist die Arbeit wohl, aber durchaus uneyckisch. Der Farbenauftrag ist nicht glatt und sorgfältig vertrieben, sondern getüpfelt und verzettelt; die interesselose Zeichnung weicht besonders bei Mund und Ohren von allem bei Eyck Gewohnten ab. Die Hände sind sogar fehlerhaft und schlecht.

Der neuerdings in die Galerie Oppenheim in Köln gelangte Kopf eines Greises, den Firmenich Richartz als Jan van Eyck publiziert hat [84]), ist eine freundliche, aber pedantische Arbeit aus dem Ende des Jahrhunderts [85]). Hymans brächte sie am liebsten mit dem älteren Pieter Breughel zusammen, wie er mir mündlich mitteilte.

Noch weniger bedeutend erscheint mir das Brustbild eines Kahlkopfes in Casa Borromeo in Mailand, von dem Stiassny so entzückt war, dass er es des Jan van Eyck nicht unwürdig erachtete. Wir haben in ihm eine späte, ganz schwache Arbeit vor uns [86]).

Aus dem Florentiner Kunsthandel wurde vor einigen Jahren für die Berliner Galerie ein sehr kleines, männliches Brustbild erworben. Auch dieses wurde auf Jan getauft, obwohl Tschudi die „oberflächliche, fast grobe Ausführung" zugibt [87]). Solange wir von unserem Künstler keine authentische Arbeit kennen, die oberflächlich und grob ausgeführt ist, kann ich mich nicht entschliessen, ihm die Vaterschaft an diesem namenlosen Findelkinde zuzumuten. Tschudi rühmt zwar die Feinheit des Kolorits und des leuchtenden Helldunkels, ich kann ihm jedoch hierin nicht folgen.

In Chantilly wird das Doppelbildnis eines Ehepaares als Jan van Eyck bezeichnet. Es stammt aus dem Ende des 15. Jahrhunderts und ist neuerdings nicht ohne Grund dem Meister des heiligen Aegidius zugeschrieben worden [88]).

Hymans spricht in seiner verdienstvollen Abhandlung über die Alt-Niederländer im Prado von zwei Bildern, die er — mit allem Vorbehalt — für Jan van Eyck in Anspruch nehmen zu können glaubte, die aber zu hoch hängen, als dass er sie gründlich studieren konnte [89]). Es handelt sich um eine „Ruhe auf der Flucht nach Egypten", die Viardot seiner Zeit als Werk der Margareta van Eyck bezeichnet hatte. Pradilla, der liebenswürdige Direktor des Prado, liess mir das kleine Bild herunternehmen, so dass ich es genau prüfen konnte. Es hat geringen künstlerischen Wert und ist im Stile Patinirs gehalten, also viel später als Jan van Eyck. Ähnlich verhält es sich mit der, ebenfalls sehr ungünstig placierten, heiligen Messe; das Bild erweist sich bei näherer Prüfung als ganz unbedeutend.

Unter den vielen altniederländischen Handzeichnungen, die unsere Kabinette aufbewahren, gibt es nicht wenige, die in Eycks Richtung gehören. Die einzige, die bis jetzt allgemein als echt anerkannt worden ist, die Dresdener Nachzeichnung nach dem Kardinal Santa Croce, haben wir schon oben besprochen. Die übrigen sind entweder sicherlich Nachzeichnungen von fremder Hand, oder sind unbestimmbar. Die bedeutendste befindet sich im Louvre [90]. Sie stellt einen älteren Herrn mit Sendelbinde dar. Für Jan ist sie nicht energisch genug, und ich halte sie für wesentlich später, aber ein bestimmtes Urteil kann mangels gesicherten Vergleichsmaterials nicht gut abgegeben werden. Dagegen darf man wohl von dem überarbeiteten und ganz schwachen Bildnis eines jungen Mannes, das vor einigen Jahren von dem Berliner Kupferstichkabinet erworben wurde, ohne Bedenken sagen, dass es nicht von Jan herrührt [91]). Die berühmte Zeichnung des British Museum, die Philipp den Guten darstellen soll, gehört in ihrer jammervollen Ausführung wohl dem Petrus Cristus oder einem ähnlich talentlosen Eyck-Schüler an [92]).

Hymans hat in der Brüsseler Bibliothek eine Holzschnittfolge aus dem Beginn des 15. Jahrhunderts entdeckt, die das Leben des heiligen Servatius darstellt [93]); mit Recht hat Hymans darauf hingewiesen, dass sie in irgend einem Zusammenhang mit Jan stehen könnte. Die Schnitte sind höchst lebendig und trotz der noch unausgebildeten Technik sehr markig. Näheres wissen wir auch hier nicht.

Anmerkungen.

1) Τυμωθεος
Leal Souvenir
Actū. año. dñi. 1432. 10. die octobris a ioh de Eyck.

2) Die Sitte, die Brustbilder durch imitierte Fensterbrüstungen abzuschliessen, hat sich noch lange erhalten. Sie hat lediglich ornamentalen Wert und will nicht die Vorstellung erwecken, als habe der Porträtierte wirklich an einem Fenster gestanden oder gesessen.

3) Über die Bestimmung der Personen s. Weale, Notes 26 ff. Was den Vorgang betrifft, so hält sich der Verfasser an die alte Auffassung, die hier eine Verlobung dargestellt sehen wollte, obwohl wir vermutlich die Eheschliessung selbst vor uns haben.

4) Über die Erklärung und sittengeschichtliche Bedeutung des Eligiusbildes s. Rep. II, 298 ff.

5) Man vergleiche nur die Beschreibung bei Crowe-Springer 101.

6) Carstanjen versucht, diese Schwäche der altflandrischen Meister aesthetisch zu begründen. S. Entwicklungsformen S. 46 und 58.

7) Crowe-Springer S. 101 sagt mit Unrecht, dass Eyck „mit Hilfe des Kolorites die Tiefe und Luftfülle des Raumes ausgedrückt“ habe.

8) Auf dem noch erhaltenen, ursprünglichen Rahmen steht unten: Hoc opus fecit fieri Magister Georgius de Pala, huius ecclesiae canonicus, per Ioannem de Eyck pictorem et fundavit hic duas capellanias de gremio (?) chori domini MCCCCXXXIV completum anno 1436. Ausserdem ist oben ein lateinischer Spruch zum Lobe der Madonna angebracht.

9) Noch Friedlaender nennt im I. Band von Grauls Museum S. 48 die Palamadonna die am wenigsten befriedigende Schöpfung Jans.

10) Vergleiche z. B. die altholländische Kreuzigung von 1363 im Ertborn Saale der Antwerpener Galerie.

11) Crowe-Springer S. 109 f.

12) Conway will in den Early Flemish painters S. 126 f. hierin nicht nur einen aesthetischen, sondern einen nationalen Gegensatz finden. All this pre-Van Eyck Flemish work is of the style of the Rhenish school, and closely resembles the work of the Köln painters. Indeed, ancient records seem to show that most of the artists who worked in Flanders in

the fourteenth century and the early years of the fifteenth were Germans, following the traditions of Meister Wilhelm and the mystic school. The mild enthusiasm and purity of heart which characterized the early mystics, degenerated at the commencement of the fifteenth century into a mawkish sentimentality. This kind of thing was not likely long to suit the taste of the common-sense burghers of phlegmatic Flanders, and, if art was ever to be a living thing for them and not a mere toy, a new spirit must be breathed into it, and they must do that for themselves. The change which took place under the Van Eycks and their followers was thus in great part due to the new nationality of the artists. It was the result of a transference of art from German to Dutch and Flemish hands.

An dieser Auffassung wird wohl viel Richtiges sein; trotzdem wird der Wechsel des Geschmacks, der sich in ganz Europa damals gegen die allzu süsse Minniglichkeit der aussterbenden, mittelalterlichen Schule gewendet hatte, in erster Linie zur Erklärung dieser Erscheinung heranzuziehen sein. Dass auch am Rhein sich der neue Geschmack kräftig regte, lehren die Werke des Malers Konrad Witz von Basel, der zur gleichen Zeit, wie die Eycks, aber unabhängig von ihnen sich ähnliche Aufgaben gestellt hat. wie sie.

13) Crowe-Springer S. 110.

14) Fromentin, Maîtres S. 428: La vierge est laide. L'enfant, un nourrison rachitique à cheveux rares, copié sans altération sur un pauvre petit modèle mal nourri. Ich habe diese Bemerkungen Fromentins in Brügge vor der Palamadonna gelesen und nie verstanden, mit welchem Rechte der sonst so scharf beobachtende Künstler sie ausgesprochen hat.

15) Von der Palamadonna besitzt die Antwerpener Galerie eine alte, recht genaue Kopie, die sich aber in allen Punkten als eine geschmacklose Verwässerung des Originals darstellt. Man hat finden wollen, dass die Madonna mit Bewusstsein schöner gehalten sei, als die auf dem Brügger Bilde. Sie hat allerdings viel von der altertümlichen Hoheit verloren, aber sie ist nicht schöner, sondern langweiliger geworden.

Die Galerie in Hampton Court besitzt ein Porträt des Canonicus Pala, das von Justi als echter Eyck in die Literatur eingeführt worden ist. L. Zschft. XXII, 251. Die ältere Forschung hat Justis Meinung gebilligt (s. Seidlitz Kunstchronik n. F. VII, Nr. 6 Sp. 81). Jedoch ist das Bild eine Arbeit aus dem Ende des 16. Jahrhunderts. Es weist in der Technik keine der Eigentümlichkeiten Jans auf, ist in der Modellierung viel flauer und flacher. Trotzdem ist der erste Eindruck an Lebenswahrheit ganz überwältigend. Das Original muss Eycks grossartigstes Porträt gewesen sein. An eine Teilkopie aus der Brügger Madonna, wie Kämmerer will (S. 68), ist nicht zu denken. Nicht nur stimmen die Grössenverhältnisse gar nicht, sondern auch das Arrangement und die Tracht sind anders. Jan hat wohl seinen Freund zweimal porträtiert, wie wir ja auch von Arnolfini ein zweites Bildnis seiner Hand besitzen.

16) Der echte Rahmen trägt die Inschrift: Johēs de Eyck me fecit 1437.

17) Die Iconographie der heiligen Barbara, die in den Niederlanden besondere Verehrung genossen hat, ist sehr ausführlich behandelt in Beffroi IV, 5 ff. Aus dem dort beigefügten reichhaltigen Verzeichnis der noch erhaltenen Darstellungen der Heiligen ergibt sich, dass vor Eyck die Belebung des Symbols bei den niederländischen Künstlern nicht vorkommt, und dass sie erst wieder von den archaisierenden Miniatoren der Schule Gerard Davids wieder aufgenommen wurde, wohl im bewussten Anschluss an Jans Vorgang.

Die Antwerpener Barbara kann nicht, wie vermutet wird, jenes unvollendete, schöne Bild sein, das Carel van Mander bei Lucas de Heere gesehen hat. Dieses war dem Wortlaute nach ein Porträt: een vrouwmensch met en Landtschapken achter. Wenn die heilige Barbara gemeint wäre, so hätte sie Mander wohl deutlicher beschrieben; er hat ja das von ihm citierte Bild im Hause seines Lehrers so oft sehen können, dass er eine klare Vorstellung von ihm behalten musste.

18) In der Brügger Akademie befindet sich eine genaue, aber schlechte Kopie dieser Vorzeichnung. Sie ist, wie so viele gefälschte Eycks, mit der bekannten Signatur des Meisters versehen. Die Galerie von Lille besitzt eine noch bei Crowe-Springer S. 112 genannte, ganz wertlose, sehr späte Nachbildung. Kämmerer S. 76.

19) Auch hier ist der alte Rahmen erhalten. Er trägt die Inschrift: Coniux meus Johannes me complevit anno 1439 17. Iunii. Etas mea triginta trium annorum. Als ikh kan.

20) Auf dem alten Rahmen steht die Inschrift: Als ikh kan. Johēs de Eyck me fecit + ēplevit año 1439.

In das Metropolitan-Museum in New York ist eine berühmte Kopie dieses Bildes gelangt, die sogenannte Beresford Hope Madonna. Ich kenne sie nur aus der Photographie, schliesse mich aber Crowe-Springer (S. 116) an. Das Bild ist für Jan zu roh und doch zu kraftlos. Eine andere berüchtigte Kopie besitzt die Berliner Galerie. Seinerzeit ist dieses wertlose Bild von Männern wie Hotho noch über den Genter Altar gestellt worden. Heute ist der Geschmack weniger ausschweifend.

21) Crowe-Springer S. 114 und Kämmerer S. 106.

22) Schäfer-Athosbuch, 289.

23) Beilage zur Allgemeinen Zeitung Nr. 240 vom 20. Oktober 1899.

24) Beilage zur Allgemeinen Zeitung Nr. 294 vom 7. September 1899.

25) Pauw, Pierre tombale de Hubert van Eyck, 8.

26) ebenda S. 9.

27) Man hat die Mittelfigur auch als Gott Vater gedeutet und noch Schnaase-Eisenmann ist für diese Anschauung eingetreten (S. 121), wohl mit Unrecht. Diese Darstellung Christi findet sich sehr häufig, vor allem in den uns noch zahlreich erhaltenen Versionen des jüngsten Gerichtes;

beachtenswert ist es jedoch, dass Münzers Notiz die Figur als Deus in maiestate bezeichnet.

28) Schäfer Athosbuch 254 f.

29) Schäfer Athosbuch 238.

30) Laban in L. Zschft. N. Folge X, 33 ff.

31) Waagen sagt in seiner Studie über Eyck S. 137: „Eyck hält sich mehr in einer Lokalfarbe, z. B. dem Grünen, welches er nur unmerklich abdämpft, so dass es auch weit im Hintergrunde noch von ziemlicher Sättigung ist und gibt damit in Übereinstimmung auch dort die Einzelheiten noch immer mit einiger Deutlichkeit an. Dabei treibt er durch erstaunliche Pracht und Glätte seiner Farben im Vordergrunde, worin er es der Natur zuvorthut, dennoch seine Fernen trefflich zurück; und man könnte sagen, dass er in demselben Verhältnis jenes über die Natur gesteigerte Kolorit bis in den äussersten Hintergrund durchgeführt habe." Wenn Waagen aus diesen an sich ganz richtigen Beobachtungen noch nicht zur klaren Erkenntnis gekommen ist, dass die Landschaft des Genter Altars grosse Fehler aufweist, so hat Kämmerer in seiner Geschichte der Landschaftsmalerei schon lebhaftere Bedenken geäussert, und Wörmann spricht sich endlich (Rep. XIII, S. 341) ziemlich unumwunden dahin aus, dass die Gesamtanordnung des landschaftlichen Teiles nicht recht gelungen sei. Aber auch er erkennt ebenda ganz richtig, dass die von Eyck gewählte Art der Landschaftsbehandlung dazu beiträgt, den religiösen Eindruck der Gesamtdarstellung zu heben.

32) ad S. 53. „Was der Meister erreicht, war das Charakterisieren der einzelnen Gesichter. Und er erreicht es durch Variieren eines einmal angenommenen Typus, durch Detaillierung und Wechsel in diesem. Was sich aber aus dem Gelingen der Figuren ergab, der verschiedene Gesichtsausdruck, das musste anregen zu der naheliegenden, höheren Aufgabe: der bewussten Wiedergabe von Individualitäten. Das schon halb Vorhandene musste, nachdem man durch dasselbe erst auf seine Darstellungsform aufmerksam geworden war, zu seiner Erstehung anregen. War es doch nur ein kleiner Schritt bis dahin." Carstanjen, Erscheinungsformen S. 76.

33) ad S. 56. Tschudi schreibt im Galeriewerke S. 7 die drei Mittelfiguren dem Hubert zu, weil er in der starken Betonung des organischen Aufbaues einen Gegensatz zu Jans malerischem Sinn erblickt. „Die Zeichnung der Hände und Gelenke ist bestimmter, das Knochengerüst spricht deutlicher mit. Jan gleitet mit seinen malerischen Tendenzen über solche, mehr plastische Anforderungen hinweg." Die Analyse vom Porträt des Timotheus hat nun ergeben, dass gerade das Betonen des Knochengerüstes für Jan charakteristisch ist, und darum werden die von Tschudi gegen ihn angeführten Eigenschaften der drei Mittelfiguren wohl für ihn zu benutzen sein.

34) ad S. 58. Jahrb. X, 146 ff.

35) ad S. 59. Im Galeriewerke nimmt Tschudi alle Aussenflügel für Jan in Anspruch, mit eben der Begründung, dass sie wohl nach den inneren

Tafeln entstanden sein müssten. Das klingt plausibel, stimmt aber nicht zu dem, dass die untere Reihe der Innenseite, sowie Adam und Eva viel fortschrittlicher und freier gehalten sind.

36) ad S. 62. Waagen, die Gemäldesammlung in der kaiserlichen Eremitage. München 1864. S. 115.

37) ad S. 68. Die Grössenverhältnisse selbst sind nicht verändert worden. Kämmerer (S. 71) wirft die Frage auf, ob vielleicht der obere Teil angestückt sei. Dies ist nicht möglich; trotz der Nachdunkelung erkennt man in der Behandlung der oben angebrachten Gemälde und der braunen Balkendecke Jans Hand genau wieder. Die Photographien geben allerdings hierüber wenig Auskunft. Es ist also gar keine Möglichkeit, diese Verkündigung, die nur ein Flügelbild gewesen sein kann, mit jener andern zu identificieren, die Facius als Mittelbild eines Triptychons im Besitze des Königs Alfons In Neapel gesehen hat.

38) ad S. 64. Bode, Text zum Braunschen Galeriewerk der Eremitage.

39) De Laborde: les Ducs de Bourgogne, passim.

40) Crowe-Springer S. 94.

41) Schnaase-Eisenmann S. 183. Zu den von Schnaase für diese Datierung angegebenen Gründen möchte ich noch den fügen, dass der mit grosser Sicherheit für das Jahr 1450 oder 1451 datierte Medicaeraltar Rogers im Städelschen Institut in der Malweise näher mit dem Beauner Altar verwandt ist, als mit irgend einem andern Werke Rogers, wovon ich mich überzeugte, als ich beide Bilder unmittelbar hintereinander sah.

42) Der Vergleich dieser beiden Frankfurter Madonnen ist noch in anderer Hinsicht recht interessant. Vor langen Jahren hat man einmal geschrieben, dass die Teppiche auf den zwei Bildern die gleichen seien; es wurde auch nicht versäumt, daraus den Schluss zu ziehen, dass Petrus Cristus in Jans Atelier gelernt haben müsse, weil er dieselben Atelierutensilien mit ihm gemeinsam gehabt habe. Thatsache ist jedoch, dass diese beiden Teppiche durchaus verschieden sind, im Dessin sowohl, wie in der Farbenzusammenstellung.

43) Jahrbücher VIII, 172 ff.

44) Es ist jedoch zu bemerken, dass zwischen den Jugendwerken, die die Mitte leer lassen und den letzten Arbeiten, die sie nicht mehr allzu stark betonen, ein wesentlicher Unterschied besteht.

45) Verzeichnis der Sammlung des Erzherzogs Leopold Wilhelm vom Jahre 1659, Nr. 109.

46) Auf dem Grabmal des Kardinals in Siena.

47) Selbst das Bildnis von Jans Frau, das doch verhältnismässig lebhaft bewegt ist, besitzt diese klare Konsequenz der Anordnung; auch bei ihr entspricht der Blick des Auges der Bewegung des Kopfes.

48) Auch Kämmerer hält sie für echt und zieht sie auffallenderweise sogar dem Wiener Gemälde vor (S. 72); Friedlaender hält sie ebenfalls für authentisch (Rep. XX. S. 71).

49) Kämmerer, Eyck 72.

50) Rep. II. 419 ff., wo Woltmann das Berliner Bild zugleich mit einer vom Grafen De Laborde erwähnten, aber verschollenen Wiederholung bespricht, die in Nantes von einem Architekten namens Nau gekauft worden sein soll. Über die Echtheit des Berliner Gemäldes, die für mich zweifellos ist, haben sich die Kunsthistoriker verschieden geäussert. L. Zschft. IV, 357 und X, 549 ff. Auch Kämmerer lässt die Frage noch offen im Hinblick darauf, dass das von Laborde angeführte Bild die gleiche Inschrift getragen hat, die auf dem jetzt verschwundenen Rahmen des Berliner gestanden haben soll.

51) Der Anonymus des Morelli sah in Venedig in der Casa Vendramin eine kleine Tafel, die er folgendermassen beschreibt. El quadretto in tauola della nostra donna sola cun el puttino in brazzo in piedi in un tempio Ponentino cun la corona in testa. (fo de mano de Rugerio da Brugies e è opera a oglio perfettissima.) Man bezieht diese Bemerkung gerne auf die kleine Madonna, die von einem Schüler Rogers herrührend, dem Meister selbst zugeschrieben wird und in dem Wiener Hofmuseum hängt. Die Beschreibung passt aber, wie schon Frimmel erkannt hat, gar nicht auf diese kleine Wienei Madonna, um so besser jedoch auf unser Berliner Bild. Der Umstand, dass der Anonymus nichts von den kleinen Engeln im Hintergrunde schreibt, wiegt nicht gar schwer; die Madonna ist eben doch als einsame Spaziergängerin gedacht. Die Zuschreibung an Roger wiegt auch nicht gar schwer; denn der Anonymus war, wie man auch sonst sieht, über die Personalverhältnisse der altniederländischen Schule nicht genau unterrichtet. Frimmel Anonimo S. 108.

52) Lippmanns Charakterisierung vom Faltenwurf bei Eyck. Rep. I, 245.

53) Das Verzeichnis dieser Kopien bei Kämmerer, Eyck 76 ff. Nachzutragen ist noch die Zeichnung beim Grafen Paar, die vor einigen Jahren in Wien versteigert wurde; auch diese ist kein Original. In bezug auf die späte Nachbildung im Besitze des Herzogs von Newcastle teilt Hymans mir mit, dass sie wiederum Kopie nach einem im Museum von Lyon befindlichen Original ist.

54) Jahrbücher XV. 65 ff.

55) Die Tradition, dass das Bildchen der Reisealtar Karls V. sei, entbehrt der Sicherheit. Die erste zuverlässige Nachricht findet sich im Catalogue von 1765 mit der Zuschreibung an Dürer, unter dessen Namen es auch noch im Abrégé von 1782 und im Katalog von 1812 verzeichnet ist. cfr. Wörmanns Katalog der Dresdener Gemäldegalerie vom Jahre 1896, S. 267. Kürzlich hat nun Camille Benoit auf Nr. 313 der berühmten Jabachschen Sammlung hingewiesen, die im Inventar folgendermassen beschrieben wird: Une chapelle; au milieu Notre Dame en manteau rouge sur un trosne; sur les aisles saint Michel avec un priant, et sainte Catherine. (Chronique des Arts 1899, 152.) Die Beschreibung passt so gut zu dem Dresdener Bildchen, dass Beziehungen zwischen ihm und der Jabachschen

Madonna sehr wahrscheinlich sind, wenn nicht überhaupt Identität vorliegt. Leider wissen wir nichts Näheres darüber.

56) Auf dem Bilde selbst steht in rohen Lettern: *Completum anno domini MCCCC XXXII per Iohannem de Eyck Brugis. als ihk kan.*

57) Rep. XI, 101. Kämmerer, Eyck 58 ff. Tschudi, Galeriewerk 7. Schnaase scheint das Bild nicht gesehen zu haben, sonst würde er nicht schreiben, dass es „von äusserster Feinheit“ sei (Schnaase-Eisenmann 144), ein Urteil, dem die jüngsten Berichte einstimmig widersprechen. Schnaase hat jedoch bereits ein dunkles Gefühl davon gehabt, dass der Stimmungsgehalt nicht recht zu Eycks Stil passt; denn er konstatiert, dass „Mutter und Kind von ungewöhnlich edelen und freundlichen Zügen sind“. Diese Freundlichkeit gehört eben dem Ende des Jahrhunderts an.

58) Die auf dem Gemälde selbst angebrachte Inschrift lautet: *Iohes de Eyck fecit + Año MCCCC ZI 30 octobris.* Die Litteratur über das ziemlich früh schon bezweifelte Werk gibt Schnaase-Eisenmann 143 f., auch Rep. XVI. 100 f. und Kämmerer 56. Ebenda S. 46 eine Reproduktion einer merkwürdigen Radierung des Wenzel Hollar. Weale spricht sich neuerdings doch für Echtheit aus. Rev. de l'art chr. 1899, 408.

59) Rep. XVI. 102 konstatiert Tschudi den streng kalligraphischen Charakter der echten Inschriften Eycks. Vergleiche die sehr bemerkenswerte Notiz bei Crowe-Springer 126: „Bei den Signaturen Jan van Eycks ist es auffallend, dass er häufig sogar den Tag der Vollendung angibt, dass dieser Tag so oft in den Monat Oktober fällt und endlich, dass die Schriftzüge sehr wechseln. Beinahe jedesmal sind andere Buchstaben; bald lateinische Lettern, bald Mönchsschrift, runde und eckige, grosse und kleine gebraucht. Das regt manche bedenkliche Gedanken an.“ Seitdem diese treffliche Bemerkung geschrieben ist, sind mehrere der verdächtigen Inschriften als unecht erkannt worden; immerhin ist es gut, das Eine im Auge zu behalten, dass den bezeichneten, echten Werken Jans eine noch grössere Anzahl unechter gegenüber steht, die seine volle Signatur aus alter Zeit tragen.

60) „Das Urteil, dass der ältere Bruder in der Verkörperung des Gottesideal Besseres leistete, wird keinen Augenblick schwanken. Jan war unfähig, seinem Kopfe die grossartige, ruhige Würde aufzuprägen, welche die Gestalt auf dem Genter Altar auszeichnet und hat in diesem Falle seine Kraft überschätzt.“ Crowe-Springer 112. cfr. auch Woltmann-Wörmann II, 20 und Bode, Gazette d. B. A. IIe per. XXXV, 214.

61) Kämmerer, Eyck 99 ff.

62) Weale, Katalogue 19.

63) In der Akademie von Brügge befindet sich eine noch schwächere Replik, die ebenfalls signiert ist. Sie bildet mit dem Berliner Gemälde die eine Version des — ursprünglich wohl von Jan geschaffenen Typus. Die andere findet sich in verschiedenen Wiederholungen, von denen die der Münchener Pinakothek die beste ist. Zu dieser gehört eine in englischem

Privatbesitz befindliche und endlich die ziemlich verwässerte Replik im erzbischöflichen Museum in Venedig, die dort als Lorenzo Lippi hängt und von der Litteratur noch nicht beachtet wurde. Welche von den zwei Familien dem Eyckischen, verschollenen Originale näher steht, ist natürlich schwer zu sagen. Doch darf wohl der Münchener Christuskopf wegen seines feierlichen Ernstes, der gar nichts von der Milde des Berliner Typus besitzt, als dem Originale besonders nahestehend angesehen werden. Zu erwähnen ist noch jener Christuskopf in Madrid, der mit den leichtveränderten Kopien nach der heiligen Jungfrau und dem heiligen Johannes vom Genter Altar zu Einem Bilde vereinigt wurde. Die Büsten der drei Personen werden von gotischen Ornamenten umrahmt. Das interessante Werk hängt als Hubert van Eyck im Prado. Justi gibt es mit guten Gründen dem Gossaert. Lützows Zschft. XXII, 180.

64) Tschudi (Rep. XVI, 101) spricht sich für Echtheit aus, beklagt jedoch die schlechte Erhaltung, rühmt aber das Kolorit. Kämmerer, Eyck 50 ff. lässt die Frage nach der Echtheit offen. Hymans aber (Musées de Madrid 57) gibt die trauernden Frauen dem Meister von Flémalle, ebenso wie den „Triumph der Religion" im Prado. Bayersdorfer bringt sie in nahe Verbindung mit dem heiligen Franciscus der Turiner Galerie, der ebenfalls dem Jan van Eyck zugeschrieben wird, und welchen Bayersdorfer mit Recht für spätere Arbeit erklärt.

65) Für die ganze Frage ist wohl ein verlorenes Bild sehr wichtig, das bei Crowe-Springer 115 erwähnt wird: „Ein anderes Bild, dessen Echtheit (für Jan!) nicht bezweifelt werden kann, befand sich vor einigen Jahren im Privatbesitz in Antwerpen. Es stellte die heiligen Frauen am Grabe Christi vor, welchen ein Engel die Auferstehung verkündigt und am Fusse des Grabes die drei schlafenden Wächter. Die Rüstung der Wächter war mit der grössten Sorgfalt und Genauigkeit gemalt, und auch die Landschaft entbehrte nicht fesselnder Züge." Diese Beschreibung passt sehr gut auf das Bild bei Sir Cook; aber da die Masse durchaus verschieden sind und da das von Crowe-Springer citierte Bild mehr hoch als breit, während das bei Sir Cook befindliche mehr breit als hoch ist, so können die Bilder nicht die gleichen sein. Nun ist aber das verschollene viel grösser als das erhaltene; es mag darum das erstere vielleicht ein Original aus Eycks Zeit gewesen sein und das zweite eine verkleinerte und veränderte Kopie.

66) L. Zschft. XXII, 245, wo Justi sich in sehr eingehender Weise über das Bild äussert.

67) Ausführlichste Besprechung von Justi in L. Zschft. XXII, 244 f. Siehe auch Kämmerer, Eyck 52 ff. Kämmerer erhebt sehr bemerkenswerte Zweifel an der Zuschreibung an Eyck, die zwar nicht auf Autopsie beruhen, sich aber sämtlich vor dem Gemälde selbst bestätigen.

68) Die Zuschreibung an Eyck gründet sich, ebenso wie die an Petrus Cristus, auf das in der Berliner Galerie befindliche jüngste Gericht des Petrus Cristus. In diesem sind einzelne Gestalten und Köpfe des

Chores der Seligen nahe mit den Heiligen vom Genter Altar verwandt. Der Zusammenhang mit Eyck ist ohne weiteres klar, aber ebenso klar ist es, dass Petrus Cristus diese Figuren einfach aus dem Genter Altar entlehnt hat und dass er nicht etwa eine andere Originalkomposition Jans vor Augen hatte. Es liegt hier der gleiche Fall vor, wie bei dem Madrider Triumph der Religion und bei dem grossen Altar des Dalmau in Barcelona, der von 1445 datiert und durch den dort im Archiv aufbewahrten Kontrakt sicher beglaubigt ist. Dieser Altar enthält bekanntlich recht genaue Wiederholungen von den singenden Engeln der Berliner Flügel des Genter Altars. Die Farbe und die übrigen Typen von Dalmaus Werke beweisen, dass auch er, abgesehen von der bei Eyck gemachten Anleihe, selbständig gearbeitet hat. Dass das, wie oben gesagt, auch für das Berliner jüngste Gericht gilt, beweisen übrigens die zu ihm gehörigen Tafeln der Verkündigung und der heiligen Krippe. Bei ihnen finden sich ebenfalls starke Anklänge an Eyck und zugleich so grosse Abweichungen, dass nicht einmal an indirekte Nachbildung eines Eyckischen Originals zu denken ist.

Wenn wir aber die Berliner Tafel des Petrus Cristus in ihrer Erfindung nicht auf Jan zurückführen dürfen, so können wir diesem auch die fast identische Komposition der Petersburger Tafel nicht zuschreiben.

69) Jahrbücher XIX, 202 ff.

70) Vergleiche z. B. die Antwerpener Kreuzigung von 1363, die, wenn schon um 50 Jahre älter als der Genter Altar, hier gerade in anbetracht der Altertümlichkeit der religiösen Gemälde Jans angezogen werden darf.

71) Das Testament ist von A. Pinchart in den Archives S. 267 publiziert. Es lautet: „Item, so gheve ic elcken van myn lieve dochters, die beghenen zyn, te wetene Margriete, t'saertruesinnen ende Lowyse Sint-Truden, een tavereele daerinne dat sinte Franssen in portrature van meester Jans handt Van Heyck ghemaect staet, ende dat men in de duerkins die dezelve tavereelkins belaucken doe maken myn personage ende mervrauwe alzo wel als men mach, te dien hende dat wy van hemlieden ende andere devote personen moghen ghedockt zyn, ende daertoe elcken ic gheve om haerlieder will mede te doen.

72) Hymans hat in dem Bulletin des commissions royales d'art et d'archéologie 1883, 108 ff. und in der Gazette des Beaux Arts IIe période, XXXVII 78 ff. die Frage mit Litteraturangabe eingehend behandelt. Tschudi Jahrbücher XIX, 205 schliesst sich Hymans an. Kämmerer, Eyck 108 f. stellt sich auf die Seite der Zweifler.

73) Passavant hat das Bild im Prado seiner Zeit in die Schule der van Eyck gesetzt, Hymans Musées de Madrid 78 nennt es eine leicht veränderte Kopie des Turiner Bildes. Nun sind die Veränderungen und Verschiedenheiten so zahlreich, dass von Kopie keine Rede sein kann, sondern nur von grosser Ähnlichkeit. Dazu kommt, dass auch das Bildchen im Prado gerade wie das bei Lord Heytesbury befindliche mehr hoch als breit

ist; es kann darum nicht schlechtweg als Reproduktion des Turiner Exemplares angesehen werden.

74) Bode hat den von ihm als echtes Werk des Jan van Eyck angenommenen Christus in Zusammenhang gebracht mit einer Smaragdgemme, die Sultan Bajazid II. gegen Ende des 15. Jahrhunderts dem Papst Innocenz VIII. geschenkt hatte. Zschft. f. christliche Kunst I, 347 f. Tschudi hatte sich dieser Meinung angeschlossen, Jahrbücher X, 1889; wie er mir mitteilt, ist er aber von dieser Ansicht zurückgekommen. Auch Kämmerer, Eyck 102, nimmt Anstoss daran, dass Eyck, der 1440 gestorben ist, der Maler eines Bildes sein soll, das sich auf ein lange nach seinem Tode nach Europa gelangtes Vorbild gründet.

75) Der Mann mit den Nelken wurde von Waagen als echter Jan in die Litteratur eingeführt. L. Zschft. III, 128, allerdings in recht verdächtiger Gesellschaft; Waagen erkennt im gleichen Artikel die grobe Berliner Reproduktion der Antwerpener Brunnen-Madonna an und auch die Burleighhouse Madonna, zwei Werke, die heute allgemein als unecht erkannt sind. Im Jahre 1869 fand die grosse Münchener Ausstellung alter Gemälde im Kunstausstellungsgebäude statt, wobei auch die drei Eyck der Suermondt-Galerie zu sehen waren. Wilhelm Schmidt trat in seinem Referat L. Zschft. IV, 357 aufs wärmste für die damals bezweifelte Berliner Kirchenmadonna ein, sprach sich ziemlich kühl über die Berliner Brunnen-Madonna aus und erkannte zwar den Nelkenmann auch an, aber mit Ausdrücken, die keine besondere Ergriffenheit verraten. Er lobte vor allem das Wissen des Künstlers, ein Lob, das einem Kunstwerk gegenüber nicht viel mehr als eine höfliche Abschiedsverbeugung bedeutet. Erst später wuchs der Ruhm des Bildes. Woltmann, L. Zschft. IX, 196 fand zuerst herzliche Worte, aber es berührt uns sonderbar, dass er im gleichen Artikel sich noch immer für die hässliche Berliner Brunnen-Madonna erwärmen konnte. Späterhin stieg in den Handbüchern der Preis des Nelkenmannes immer höher, bis Kämmerer doch endlich wieder wagte, die im Text erwähnte Einschränkung zu machen, und bis Tschudi im Berliner Galeriewerk den starren Ausdruck des Mannes konstatierte. Den ersten klar ausgesprochenen Zweifel aber erhob Hymans in der Gazette des Beaux-Arts 3e période XIII, 52, bei Gelegenheit des Bertin Altars vom Haag. Er glaubte auf einer der gewiss nicht von Jan herrührenden Tafeln das Porträt des Nelkenmannes erkannt zu haben. Bredius teilt mir jedoch mit, dass diese Ähnlichkeit sehr vager Natur sei.

Bekannt ist es, dass auf einer von einem deutschen Meister herrührenden Anbetung der Könige das Porträt des Nelkenmannes wiederkehrt. Abbildung bei Kämmerer, Eyck 61. Interessant ist es, dass man versucht hat, sogar dieses Bild als echten Jan zu nehmen.

76) Jahrbücher X, 154 ff. und XV, 65 ff.

77) Galeriewerk 10 f.

78) Das Nähere bei Hymans-Mander I, 46 und in Lafenestres Katalog der belgischen Museen und bei Kämmerer, Eyck 98 f.

79) Th. v. Frimmel, die Gemäldesammlung in Hermannstadt 62 f.

80) Selbst aus Frimmel Ausführungen a. a. O. geht hervor, dass in dem 3. Viertel des 15. Jahrhunderts eine Form der Sendelbinde noch gebräuchlich war, die der „altertümlichen" recht nahe stand. Aus der Tracht die Bilder jener Zeit datieren zu wollen, ist übrigens ein mehr als heikles Unternehmen.

81) Wörmann, Katalog der Dresdener Gemäldegalerie, Dresden 1896.

82) Rep. XVI, 378.

83) Bredius in L. Zschft. N. Folge I, 129.

84) Zschft. f. christliche Kunst IX, 161.

85) Kämmerer, Eyck 116.

86) Rep. VI, 393.

87) Galeriewerk, 9.

88) Zschft. f. christliche Kunst X, 378 f.

89) Musées de Madrid 61 f.

90) Abbildung bei Kämmerer, Eyck 54.

91) ib. 53.

92) Friedlaender, Rep. XX, 71, hält sie, wie es scheint, auch nicht für echt.

93) Hymans-Mander I, 48.

Während der Drucklegung dieser Schrift lernte der Verfasser Otto Seecks Abhandlung über die charakteristischen Unterschiede der Brüder van Eyck (Berlin 1899. 4⁰) kennen. Er kann den mit grosser Sorglosigkeit aufgestellten Hypothesen nicht folgen und hat darum auf die Benützung von Seecks Werk verzichtet.

Nachtrag zu Seite 61:

Aus einer von Herrn Napoléon de Pauw in Gent nach der Drucklegung mir freundlichst zur Verfügung gestellten um das Jahr 1600 geschriebenen Notiz ergibt sich der Beweis, dass Jodocus Vydt wirklich der in den Magistratslisten erwähnte Oberbürgermeister von Gent gewesen ist.

Seite 36 Zeile 3 und 21 lese man: Vyd statt Vydt.

Universitäts-Buchdruckerei von Carl Georgi iu Bonn.

FSC
www.fsc.org
MIX
Papier | Fördert gute Waldnutzung
FSC® C083411

Kolibri 360 GmbH
Ferdinand-Jühlke-Straße 7
99095 Erfurt, Deutschland
produktsicherheit@kolibri360.de